北欧国家的现代景观

王向荣　林箐　蒙小英　著

中国建筑工业出版社

图书在版编目（CIP）数据

北欧国家的现代景观/王向荣，林箐，蒙小英著.
北京：中国建筑工业出版社，2007
 ISBN 978-7-112-08836-2

Ⅰ.北…Ⅱ.①王…②林…③蒙…Ⅲ.景观－园林设计
－北欧－图集Ⅳ.TU986.2-64

中国版本图书馆CIP数据核字（2006）第159952号

责任编辑：郭洪兰
责任设计：郑秋菊
责任校对：兰曼利

北欧国家的现代景观
王向荣　林箐　蒙小英　著
*
中国建筑工业出版社 出版、发行（北京西郊百万庄）
新 华 书 店 经 销
北京图文天地中青彩印制版有限公司　制作
北京画中画印刷有限公司　印刷
*
开本：889×1194毫米　1/12　印张：21⅓　字数：500千字
2007年3月第一版　2007年3月第一次印刷
印数：1—2000册　定价：**188.00**元
ISBN 978-7-112-08836-2
　　　(15500)

版权所有　翻印必究
如有印装质量问题，可寄本社退换
（邮政编码：100037）
本社网址：http://www.cabp.com.cn
网上书店：http://www.china-building.com.cn

目 录

第一部分　绪论

1. 北欧国家概况 ………………………… 3
2. 北欧国家景观设计的发展 ………………………… 4
3. 北欧国家景观设计的特征 ………………………… 6
   - 3.1 民主的设计思想 ………………………… 6
   - 3.2 从自然中获得灵感 ………………………… 6
   - 3.3 体现民族传统和地域性 ………………………… 6
   - 3.4 注重人情味 ………………………… 6
   - 3.5 注重对自然的体验 ………………………… 7
   - 3.6 重视光环境设计 ………………………… 7
   - 3.7 功能与艺术的统一 ………………………… 7
4. 瑞典的景观设计 ………………………… 8
   - 4.1 园林的发展 ………………………… 8
   - 4.2 现代景观设计的发展 ………………………… 9
   - 4.3 景观设计师 ………………………… 13
     - 4.3.1 阿斯普朗德（Gunnar Asplund） ………………………… 13
     - 4.3.2 海梅林（Sven A. Hermelin） ………………………… 14
     - 4.3.3 布劳姆（Holger Blom） ………………………… 15
     - 4.3.4 格莱姆（Erik Glemme） ………………………… 16
     - 4.3.5 马汀松（Gunnar Martinsson） ………………………… 16
     - 4.3.6 T. 安德松（Thorbjörn Andersson） ………………………… 18
5. 丹麦的景观设计 ………………………… 19
   - 5.1 园林的发展 ………………………… 19
   - 5.2 现代景观设计的发展 ………………………… 21
   - 5.3 景观设计师 ………………………… 24
     - 5.3.1 布兰德特（Gudmund Nyeland Brandt） ………………………… 24
     - 5.3.2 索伦森（Carl Theodor Sørensen） ………………………… 25
     - 5.3.3 S. 汉森（Sven Hansen） ………………………… 28
     - 5.3.4 S. I. 安德松（Sven-Ingvar Andersson） ………………………… 28
     - 5.3.5 斯卡卢普（Preben Skaarup） ………………………… 31
     - 5.3.6 J. A. 安德森（Jeppe Aagaard Andersen） ………………………… 32
     - 5.3.7 S. L. 安德松（Stig Lennart Andersson） ………………………… 32
   - 5.4 理论研究 ………………………… 34
6. 芬兰的景观设计 ………………………… 35
   - 6.1 园林的发展 ………………………… 35
   - 6.2 现代景观设计的发展 ………………………… 35
   - 6.3 景观设计师 ………………………… 38
     - 6.3.1 阿尔托（Alvar Aalto） ………………………… 38
     - 6.3.2 扬内斯（Jussi Jännes） ………………………… 40
   - 6.4 理论研究 ………………………… 40
7. 挪威的景观设计 ………………………… 41
   - 7.1 园林的发展 ………………………… 41
   - 7.2 现代景观设计的发展 ………………………… 42
   - 7.3 理论研究 ………………………… 45
8. 冰岛的景观设计 ………………………… 46

注释 ………………………… 47

第二部分　实例

1. 奥尔胡斯大学 ………………………… 50
2. Mariebjerg墓园 ………………………… 56
3. 斯德哥尔摩城市图书馆公园 ………………………… 60
4. 森林墓地 ………………………… 64
5. 泰格纳树林 ………………………… 74
6. 玛丽娅别墅花园 ………………………… 78

7. 喷泉花园 ……………………………… 84	30. 古斯塔夫·阿道夫斯广场 ……………… 184
8. Nærum家庭花园 ……………………… 88	31. 老码头 …………………………………… 188
9. Kongenshus纪念公园 ………………… 94	32. Vejle车站 ………………………………… 190
10. 阿尔托工作室庭院 …………………… 100	33. Glostrup市政厅公园 …………………… 196
11. 白令公园 ……………………………… 104	34. Brygge岛港口公园 ……………………… 200
12. Råcksta墓园 …………………………… 108	35. 哥本哈根Nordea银行新总部环境及克
13. Marna花园 …………………………… 112	里斯蒂安港水岸空间 …………………… 206
14. 赫宁美术馆花园及外环境 …………… 116	36. 铁锚公园 ………………………………… 212
15. Höganäs市政厅庭院 ………………… 122	37. 哥伦比纳花园 …………………………… 218
16. 赫尔辛基理工大学主楼环境 ………… 126	38. Bo01住宅展滨海公共空间 ……………… 220
17. Sonja poll花园 ………………………… 130	39. Bertel Thorvaldsens 广场 ……………… 228
18. Havnegade庭院 ……………………… 134	40. Amerikakaj住宅楼环境 ………………… 232
19. 阿克塞尔广场 ………………………… 136	41. 奥大街和伊莫瓦德街 …………………… 236
20. 老广场和新广场 ……………………… 140	42. Frederiksberg新城市中心开放空间 …… 240
21. 阿马格广场 …………………………… 144	
22. 海尔辛堡港口广场 …………………… 148	
23. 科灵假日住宅 ………………………… 152	**参考文献** …………………………………… 248
24. 哥本哈根市政厅广场 ………………… 156	
25. Vejle城市公园 ………………………… 162	**后记** ………………………………………… 250
26. 圣汉斯广场 …………………………… 168	
27. 赫宁市政厅广场 ……………………… 172	
28. Jarmers 广场 ………………………… 178	
29. 托伦拉合第公园 ……………………… 182	

第一部分
绪 论

1 北欧国家概况

北欧由瑞典、丹麦、芬兰、挪威、冰岛以及法罗群岛和格陵兰群岛组成（图1），现有人口2500多万，是一个社会稳定、经济发达的高福利地区。人口稀少、资源丰富、生活富裕、福利优越，是当今北欧国家的真实写照。

因瑞典、挪威和芬兰位于欧洲北部斯堪的纳维亚半岛，所以北欧国家也被称为"斯堪的纳维亚国家"。斯堪的纳维亚半岛是欧洲最大的半岛，古称为Scandia，意为"斯堪的纳维亚人居住之地"。斯堪的纳维亚一词现代的用法源自19世纪中叶提倡统一丹麦、瑞典和挪威的政治运动。当时，受到拿破仑战争（1799~1815）所引发的动荡影响，挪威从丹麦分裂出来，瑞典的东部地区（即芬兰）被俄罗斯帝国侵占。"斯堪的纳维亚"一词就用来代表俄国以外的北欧国家（丹麦、瑞典和挪威）。今天，斯堪的纳维亚成为描述北欧国家的地域性名词。

北欧国家同处北极圈附近的高纬度地区，每年五月到九月，气候最佳，温度适宜，白昼较长。春秋两季比较短促，冬季从每年十一月一直到次年三月，寒冷漫长，还有漫长的冬季夜晚。

除丹麦和冰岛外，北欧国家森林面积广阔，尽管林区树种相对单调（以赤松、云杉和白桦为主），但这里雨量充沛，林木生长茂密。林缘整齐的森林或树丛与柔缓变化的地表，构成非常平和的自然景观。斯堪的纳维亚山脉曾是欧洲第四纪冰川的主要中心，大陆冰川曾覆盖了整个北欧地区，冰川在融化过程中形成了众多的冰川湖泊群，所以在斯堪的纳维亚半岛到处可见冰川侵蚀与堆积地貌，湖泊众多，河流短小。

在文化上，北欧国家有很多的共同性，除了芬兰语外，大部分丹麦、瑞典和挪威的方言是大致互通的，斯堪的纳维亚人能够理解彼此的标准语言。

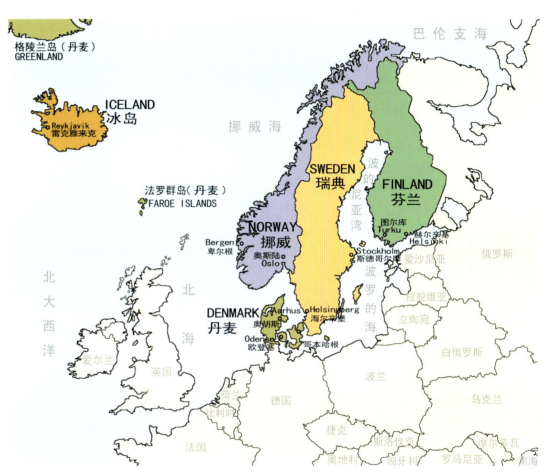

图1 北欧国家地理位置图

1397年，丹麦、瑞典（连同芬兰）和挪威（连同冰岛）三国结成了以丹麦国王为共主的斯堪的纳维亚联盟，又译卡尔马联合（Kalmar Union，14世纪末至16世纪上半叶）。1523年，瑞典脱离丹麦独立。1814年"瑞—挪联邦"形成（1905年解散），两国共戴一君。1864年"瑞—挪联邦"拒绝军事支援丹麦对抗普鲁士，统一斯堪的纳维亚的政治运动宣告结束。虽然斯堪的纳维亚的大一统始终不能实现，但早在1873年斯堪的纳维亚就成立了金融联盟，克朗成为共同货币直至第一次世界大战。一战后，芬兰和冰岛与斯堪的纳维亚各国以"北欧国家"的名义加强合作，1952年成立了北欧理事会，合作关系进一步加强。

在政治上，自19世纪末20世纪初以来，一些倡导社会改良、实现平等民主社会的中、左派政党在北欧国家的政治生活中占据了重要的位置，并且在这些国家中长期执政，因而形成了今天北欧国家相似的社会环境，如阶层的弱化，"从摇篮到坟墓"的高福利政策，平均的生活水准，平等和谐的社会等。

2 北欧国家景观设计的发展

北欧国家的园林发展历程与欧洲大陆其他国家相似。20世纪以前,它们的园林多模仿欧洲的流行风尚,但因气候和国家的经济状况不同,以及这些园林风格传入各国的时间不同,园林要素的运用和规模大小也有所变化。其中丹麦和瑞典因地理位置、经济和土地资源的优势,比起挪威和芬兰,其园林发展史呈现相对的连续性,每一时期的花园建设规模也与欧洲大陆相近。

1880年斯堪的纳维亚的民族主义争鸣,触发了著名的"民族浪漫主义"(National Romantic)运动,这一运动在北欧近代史上极具震撼力,导致了斯堪的纳维亚社会、经济、文化与艺术的空前发展。这一运动旨在发掘民族传统文化的基础上,努力创造一种适应世界潮流的新文化。对民族文化的弘扬给设计师带来自信心,他们通过自己的作品表现出强烈的民族认同感。因此,北欧设计师在面对外来文化的巨大冲击下,总是拥有足够的自信和能力对其进行改良和改造。这也是后来现代主义运动传到斯堪的纳维亚国家时没有遇到像其他地方那样强烈的抵制的一个重要原因。

20世纪初,北欧国家的景观设计受到工艺美术运动(Arts And Crafts Movement)和"民族浪漫主义"运动的影响。瑞典的花园设计强调形式的简洁、建筑与环境间的和谐、空间的概念和节奏。丹麦花园设计更多地借鉴了英国工艺美术花园的空间限定手法和植物运用思想。这一时期在北欧建筑上也产生了民族浪漫主义风格的杰出作品,如沙里宁(Eliel Saarinen,1873~1950)设计的赫尔辛基火车站(1906~1916)、尼若普(Martin Nyrop,1849~1921)设计的哥本哈根市政厅(1892~1902)和厄斯特堡(Ragnar Östberg,1866~1945)设计的斯德哥尔摩市政厅(1909~1923)等。

1920年代末,德国包豪斯的功能主义传入北欧,首先影响了北欧国家的建筑设计和工业设计。北欧的社会政治基础也为以功能为导向的现代主义的传播提供了合适的土壤。1930年斯德哥尔摩展(Stockholm Exhibition)是斯堪的纳维亚现代主义设计的转折点,之后功能主义的思想充分体现在北欧国家的建筑、家具和产品设计上。现代主义建筑在这一时期取得了显著的成就,如瑞典建筑师阿斯普朗德(Gunnar Asplund,1885~1940)和芬兰建筑师阿尔托(Alvar Aalto,1898~1976)的作品。

功能主义在景观领域的杰出代表是瑞典斯德哥尔摩学派的"城市公园运动"。它一方面是对欧洲大陆和美洲大陆城市公园建设经验的借鉴和发展,另一方面体现了现代主义的社会性本质与北欧民主传统的结合,其中心思想是通过城市公园去影响市民的生活,为市民提供必要的空气和阳光。还有一些景观设计师更关注景观的艺术性,探索如何将花园设计提高到艺术的层面上,丹麦的布兰德特(Gudmund Nyeland Brandt,1878~1945)和索伦森(Carl Theodor Sørensen,1893~1979)是其中的代表人物。

1950年代是北欧设计的一个标志性时期,建筑、景观和产品设计都形成了自成一派的斯堪的纳维亚风格,并占据了世界设计领域的一席之地。工业设计中"人文功能主义"的设计哲学,成为北欧工业设计对现代设计的一个主要贡献[1]。北欧设计师将德国纯理性的功能主义进行改良,运用本土的木材、皮革等天然材料设计出大众化的家居产品。在建筑领域,北欧建筑师通过建筑与环境的对话,通过地方材料的运用,形成了具有人情味的现代主义风格。以芬兰的阿尔托、丹麦的伍重(Jørn Utzon,1918~)和尤根·博(Jørgen Bo,1919~)为代表的建筑师主动介入景观的塑造,他们在设计中追求建筑与自然环境的融合,成为斯堪的纳维亚建筑的特征。

在景观领域,随着丹麦的索伦森、埃斯塔特(Troel Erstad,1911~1949)和雅各布森(Arne Jacbosen,1902~1971)及瑞典的海梅林(Sven A. Hermelin,1900~1984)和格莱姆(Erik Glemme,1905~1959)等设计师的作品的成功,景观设计的地位更加突出。在这一时期,对景观功能与形式的探讨以及二者的结合成为斯堪的纳维亚景观设计关注的焦点。花园被看作是建筑的室外房间,功能化的花园设计与城市公园建设也形成了独特的景观语言,丹麦是以绿篱为要素的简单几何形的空间组合,瑞典则是以"自然"为导向的花园和公园设计。

1960年代,大量农村人口涌入城市,在劳动力的增多带来城市和工业繁荣的同时,城市住宅的大规模建设也破坏了城市景观中原有的许多自然和文化特色。这一时期城市扩张和基础设施建设的需求,大大拓展了景观规划与设计的范围,景观设计师开始介入工业设施、水电站、采石场、高速公路和桥梁等基础设施的规划和建设项目中。

1970年代的能源危机带来了城市生态运动,在对自然界植物群落和生境的模拟和缩微中,景观设计似乎消失了[2]。这一时期的北欧设计处于发展的低潮,但设计师仍为斯堪的纳维亚风格的重建而努力。

1980年代后期到1990年代,由于经济结构的调整和转型,北欧国家许多城市的中心开始更新改造，建筑行业的繁荣带动了建筑设计、景观设计、室内设计和家具产品的创新发展。城市公共空间的设计大量增加，交通道路景观设计也在大规模展开。水电设施的建设，高速公路的发展，提出了景观一体化的新要求。景观规划的重点逐渐转移，人们开始强调景观的可持续性并建立自然保护区。

  1990年代后，艺术和设计领域中极简主义的兴起又将斯堪的纳维亚的设计推向新的历史舞台。年轻的景观设计师开始与艺术家合作，将艺术化的装置和艺术品看成是景观的一部分，从而把斯堪的纳维亚景观设计中功能与艺术相统一的传统推向新的高潮。

3 北欧国家景观设计的特征

20世纪的北欧设计呈现出明显的二元性——对外的趋同性和对内的多元性。在北欧国家相近的自然条件、共同的宗教信仰、类似的文化传统、接近的政治和经济环境以及彼此间的姻亲关系下，产生了共同的对朴实、美观和实用的设计哲学的追求。为大众而设计的民主设计思想、从自然中获得灵感、对光与材质的关注、人情味与地域特色，以及功能和艺术的统一是北欧各国设计的普遍特征。而国家发展水平、地域特征、民族传统特色以及受其他国家的具体影响的不同，又导致了北欧各国设计多元化的存在。

3.1 民主的设计思想

北欧的民主社会传统孕育了它为大众而设计的民主设计思想。斯堪的纳维亚民族的"民主"和"平等"思想是其古已有之的社会体制的产物。在基督教传入和中央集权君主制建立之前，古老的斯堪的纳维亚人实行"庭"（Thing 或Ting）的议会制[3]；首领或国王的权力取决于人民的意愿，人民的意见得到普遍重视。在以后的社会发展中，这种"平等和民主"的体制特征一直被延续着。

北欧国家多是高税收、高福利国家，人民享有平均的、良好的生活水准。社会各阶层生活水平的靠近，使工人阶级的地位明显上升。艺术的发展在经济和道德上依赖于知识分子、中产阶级和工人阶级上层，建筑、景观、工业产品没有机会向奢侈品方向发展，功能主义占据了主导地位，现代运动得到了广泛的社会需求的鼓励，受到普遍欢迎。相比于法国、意大利这些以奢侈品闻名的国度，北欧国家的国际知名品牌相当多的是代表着物美价廉的产品，如IKEA家具和H&M服装等。为普通人提供普通的但却是精良的设计是斯堪的纳维亚国家各个设计领域追求的最高境界。

3.2 从自然中获得灵感

北欧人热爱自然，热衷户外活动。对自然的珍视和虔诚的热爱，带给了北欧设计师丰富的设计灵感和创作源泉。20世纪北欧国家许多杰出的产品设计，其灵感都来源于大自然。受芬兰湖泊岸线的启发，阿尔托设计了著名的Savoy玻璃花瓶（1936，图2）；芬兰设计师维尔卡拉（Tapio Wirkkala，1915～1985)设计的具有叶片造型和叶脉纹理的木盘（1951)，被誉为1951年度最美的物品；以翩然纷飞的蝴蝶为灵感，丹麦设计师迪策尔（Nanna Ditzel，1923～2005）设计了著名的蝴蝶椅（1990）。

瑞典景观设计师把花园看成是自然，从对自然的感受（声音的倾听和景观的阅读）中，形成了通过设计的"有为"来达成对基地的看似"无为"的景观设计特征。丹麦设计师把农业景观中整齐的林缘、篱墙、小树林和草地，结合现代主义的思想，转化为丹麦化的景观设计语言。芬兰人更是把天然形成的湖泊风景看成是民族景观，公园的景致也以湖景为特色。

3.3 体现民族传统和地域性

受"民族浪漫主义"运动的影响，北欧建筑师常把传统农舍的木构建筑形式和建筑要素（院墙、柱子、栏杆等）的构造方式，自觉地运用到现代建筑中，同时把对自然的热爱转化成建筑与自然环境的融合，形成地方主义的特色。在其他的设计领域，北欧各国的设计师也善于从各自的民族传统和自然环境中汲取设计灵感、提炼设计语言，这种传统导致了北欧设计在设计语言、用材和工艺上都具有鲜明的民族和地域特色。

北欧景观艺术大量使用正方形和圆形等几何形。早在石器时代，圆和十字形图案就经常被用红色颜料刻在灰色花岗岩巨石上。维京时代（Viking）开会时，参加会议的人都坐在树下或是池塘边摆放成一圈的大石块上，这种古已有之的圆形空间形式是今天北欧设计师仍在大量使用圆形的部分原因[4]。

北欧国家有优秀的手工艺传统，传统艺术中独特的民族语言和精良的工艺品质，通过与现代设计的结合，形成了具有本土特点的现代主义。尽管有强国的入侵，世界流行风格也在不断变更，但斯堪的纳维亚景观设计几十年来坚持走自己的道路，以朴素自然、温馨典雅和功能主义的简洁风格赢得了人们的尊敬。

3.4 注重人情味

斯堪的纳维亚地区的特殊气候决定了在一年中的多数时间内，人们不能像中欧特别是南欧国家那样，有丰富的室外活动和交往，这导致了他们对"家的气氛"和室内生活的尤为重视。从建筑、室内、家具到日常生活用品，设计非常讲究使用的舒适性和材料的触觉感受，充满了人情味且品质突出。

"民族浪漫主义"运动导致了木材在北欧建筑中的大量运用，其他的传统材料，如石材、砖等的使用也使源于德国的冰冷的理性主义建筑转化成温馨、充满人情味的北欧建筑，这些也对景观设计产生了重要影响。北欧设计师格外重视材料的质感，质感是材料肌理和人的触感的基础，材料的应用充分体现了北欧设计的人情味和美学品质。如芬兰盛产木材和铜，建筑师阿尔托娴熟地将这两种材料结合起来，木板条常用作建筑室内外的装饰，铜则用来突出细部的精致，如门把手等部件。

北欧设计的人情味还体现在一切设计都以人为本。产品设计中人体工程学的运用，建筑和景观设计中对人的尺度和人的活动方式的尊重，都使作品表现出北欧风格特有的舒适和亲切。

3.5 注重对自然的体验

北欧人民对自然有着近乎崇拜的热爱，他们心灵丰富，对自然的变化感受细腻。无论花园、公园，还是城市广场，都是作为感受自然、与自然共呼吸的场所。天空的阴晴明暗、云聚云散，风的来去踪影，雨的润物无声和植物的季相变化，常常是设计师捕捉的对象并反映在设计中，让人们身其中能真切地感受到这些微妙的变化，享受"天人合一"的美好境界。

例如，许多北欧景观作品都非常关注地面铺装的设计，运用多种材料拼出精美复杂的图案，雨天铺装图案鲜明突出；晴天铺装图案淡雅含蓄。在北欧国家潮湿多雨、天气变幻莫测的情况下，铺装图案的不同效果反映了不同的天气状况。一些景观设计师，如丹麦的S.L.安德松（Stig Lennart Andersson）常常在作品中设计一些浅浅的积水坑，不仅在下雨的时候能积聚少量的雨水，又能在放晴后倒影天空的变化，从而感知自然。

3.6 重视光环境设计

冬夜的漫长使得北欧人对光有着特殊的情感。他们不仅在建筑和室内设计中讲究光的运用，如阿尔托常用圆柱形天窗获得漫射的自然光线并塑造出舞台般的集中空间，而且也注重光在室外环境设计中的作用。索伦森在设计中就经常运用郁闭的树林和开敞的草地获得空间的明与暗、开与合的对比。

照明技术的不断发展也给设计带来越来越多的可能性。战后出生的景观设计师更加注重人工光源对空间氛围的塑造，注重夜景的梦幻般的效果，使得室外空间在一年四季都具有魅力。冬季漫长而清冷的夜晚，温暖的灯光会给北欧的冰雪世界带来童话般的迷人气息。瑞典景观设计师J.伯格伦德（Jonas Berglund）、丹麦景观设计师S.L.安德松和Birk Nielsens Tegnestue等人的一些作品就很好地体现了这一点。

3.7 功能与艺术的统一

北欧的设计实质上是对生活的设计。为此，北欧设计总是把对舒适和实用的追求放在首位，他们从来不曾以纪念碑的形式或是绚丽的外表与邻国竞争。同时斯堪的纳维亚民族的性格也决定了他们的设计不追求表面的形式，总是试图改进对现有问题的解决方法，而不是盼望着新事物出现。斯堪的纳维亚人把设计看成是艺术与生活之间的桥梁，常常从自然界中汲取设计的灵感，通过设计的转化，把自然和艺术还原在生活之中，以内在价值和使用功能为主导，非常实用又耐用，充满了恬静的美感和艺术魅力，形成具有本土特色的设计特征。

北欧湖泊和河川众多，桥梁和水利设施的建设也为景观设计师提供了重要舞台，设计师常常通过艺术化的造型，把满足功能要求的设施形式与自然融合起来，形成新的人工景观。

北欧景观在实用的同时，并不缺少浪漫和美。设计强调简单就是美并注重细节设计，设计师通过简洁及平和的形式语言，创造出充满诗意的和撼人心魄的景观。实用、美学和艺术品质在北欧设计中达到了高度的统一。

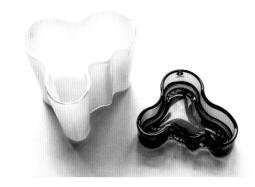

图2 阿尔托设计的Savoy玻璃花瓶

4 瑞典的景观设计

瑞典位于斯堪的纳维亚半岛的东部，领土面积为45万km²，人口891万。瑞典东北部与芬兰接壤，西部和西北部与挪威为邻，东濒波罗的海，西南临北海，是一个远离欧洲大陆的美丽国家。就人口而言，瑞典是一个小国，但就国土面积而言，瑞典是西欧最大的国家之一。瑞典地广人稀，是欧洲人口密度最小的国家，但90%的瑞典人口都居住在瑞典的南部地区。

瑞典的地势自西北向东南倾斜，南部及沿海多为平原或丘陵。在整个斯堪的纳维亚地区，瑞典地形处于中间地带，虽然处于高纬度地区，但受大西洋暖流影响，气候相对温和。瑞典地形狭长，南北气候有一定差异，北部为大陆性气候，南部为温带海洋性气候。瑞典半数以上的国土被森林所覆盖，其中以针叶林为主，国土面积的16%为山脉和荒原，近10%为湖泊、河流和沼泽地，耕地面积仅占国土面积的8%。在瑞典人心目中，他们的国家以美丽的自然景色著称。水多岛多，空气清新，环境优美，景色秀丽，很多瑞典人都虔诚地热爱着他们的大自然美景。

4.1 园林的发展

1143年，法国修道士在瑞典建立了第一个修道院Alvastra。修道院的花园遵循了同一时期欧洲大陆的风格，在正方形的花床内种植着草本和药用植物。在保存较好的Vadstena修道院中，至今还能辨认出当时修道院花园的普遍特征。

文艺复兴时期瑞典的国王大多钟爱建筑与园林，许多外国建筑师和造园师都被委以重任。到17世纪，瑞典出现了更加精巧和复杂的园林。

30年战争(1618～1648)后，瑞典成为超级大国，这时建造了许多宫殿和规模宏大的园林。热衷艺术的Christina女王召集了许多建筑师和园林师，其中包括法国设计师Simon de la Vallée(1637～1642年在瑞典)和André Mollet(1648～1653年在瑞典)，他们将法国17世纪的园林艺术形式引进了瑞典。Mollet出生于法国宫廷造园世家，他在瑞典重建了斯德哥尔摩的皇家花园，引进了许多植物，设计了一个橘宫和一个法式刺绣花坛，并于1651年在瑞典出版了著作《游乐性花园》(Le Jardin de Plaisir)。建筑师Nicodemus Tessin(1615～1681)和Simon的儿子Jean de la Vallée也都是在法国学习的设计师，他们又进一步将法国园林的设计理念发扬光大。

斯德哥尔摩以西玛拉伦湖(Lake Mälaren)边17世纪建造的德罗特宁霍姆园(Drottningholm)是欧洲著名的巴洛克园林（图3），由Tessin父子设计。小Tessin (1654～1728)与法国造园家勒·诺特尔(André Le Nôtre，1613～1700)颇有私交。设计师Johan Hårleman(1662～1707)曾和小Tessin合作，设计了一些优秀的法国风格的园林。至今仍保存完好的这一时期的园林有Sandemar、Steninge和Sturefors。

18世纪中叶，欧洲开始盛行模仿中国的艺术风格，德罗特宁霍姆园中建造了规模巨大的中国建筑群Kina（图4）。18世纪末派珀(Frederik Magnus Piper，1746～1824)设计了斯德哥尔摩北部的风景园哈加皇家公园(Hagaparken)，将风景园引入瑞典。哈加皇家公园（图5）有着优美的自然环境和丰富的文化景观，是斯德哥尔摩人一年四季都喜爱的去处。19世纪的重要园林有Forsmark（派珀设计）、Varnanas、Ryfors（Henry 和Edward

图3 德罗特宁霍姆园

图4 德罗特宁霍姆园的中国建筑群

图5 哈加公园

Milner设计）和Adelsnas。在私家花园的设计中，对称的平面成为当时的时尚，各种古典风格的花园也被建造。

4.2 现代景观设计的发展

20世纪初，瑞典的花园设计受到了工艺美术运动的影响，强调形式的简洁、建筑与环境间的和谐以及空间的概念和节奏。英国园林师鲁滨逊（William Robinson，1838~1935）设计的野花园（wild garden）的思想辗转传到瑞典，对当地耐寒植物的运用产生了重要影响。

1917年瑞典建筑师阿斯普朗德和莱维伦茨（Sigurd Lewerentz，1885~1975）设计的斯德哥尔摩森林墓地（Woodland Cemetery）是现代建筑与景观完美结合的早期范例。森林墓地的设计表达了控制空间的新思想，同时植物不再是孤立的设计要素，它是整体空间的组成部分并与非对称的布局形式相协调。

莱维伦茨也是瑞典著名的建筑师，其作品通过低矮的尺度和精心组织的建筑与借景，使建筑和环境自然地融合和过渡，如瑞典南部城市马尔默（Malmö）的东部墓园（Eastern Cemetery，1945），（图6），斯德哥尔摩Björkhagen的圣马可教堂（St. Mark Church，1956）（图7）和瑞典南部城市Klippan的圣彼得教堂（St.Peter Church，1963）（图8）。

20世纪前几十年的瑞典公园保持了19世纪后半叶的模式，是中产阶级休闲的地方，设计常常不顾地形，以几何图案的道路展开，同时强调了植物的园艺表达。1910年代开始，植物学教授色南德（Rutger Sernander，1866~1944）提出根据所在环境来设计公园的新思想。他认为，要关注基地的自然资源，在保持当地景观的前提下，结合草地树丛进行设计。现有的景观价值，一旦被破坏，将不能再创造，必须让后人仍然能拥有当地景观的现有价值。一些受色南德的思想影响的公园在乌泼萨拉（Uppsala）城市的外围被建造，如1916年的施塔特科根（Stadsskogen）。但是，在城市中心建造这样的公园，还是不能为多数景观设计师接受。这一时期的景观设计师多在海外学习，尤其是在德国学习，带来了现代主义的新思想，同时，他们也在工作中与建筑师建立起了紧密的合作关系。

1930年斯德哥尔摩展启示了北欧景观的处理方法，它强调景观设计与自然的结合，留给植物一个自由的生存空间，使人们能够在一个不受约束的、自由和轻松的环境中与自然亲密接触。该展会将城市公园引入了一个新时代—公园成为城市规划中公认的、不可或缺的组成部分。20世纪30~40年代，由于战争的影响，北欧其他国家的设计活动被迫中断，大批设计师、艺术家流亡瑞典。而瑞典由于保持中立，避免了战争，获得了相当好的发展环境，经济繁荣，人民对未来充满希望，"瑞典模式"逐渐建立即一个现代福利国家，它的目的是使人民获得普遍的好处。

随着政治和社会状况的变化，功能主义的公园开始崭露头角。由于瑞典社会民主党在国会中的领导地位和其政治纲领的推行，功能主义的模式在瑞典很快就替代了以前那些高贵的典型。

20世纪30~40年代，瑞典许多城市设有公园机构，拥有自己的设计师队伍，负责几乎所有重要的设计工程。1936年，阿姆奎斯特（Oswald Almqvist）担任了斯德哥尔摩公园局的负责人。这位雄心勃勃的建筑师试图将新公园的思想在城市中变为现实。他展开了一系列工作，从城市绿地系统的规划到单个公园的设计，事必躬亲。在他任职期间，一个新的时期开始了。他是第一个制定详细的公园发展计划的公园局的领导人，既制定了原则性的政策，又有单个公园的设计。虽然他于1938年被迫辞职，但他的工作为日后斯德哥尔摩公园的发展奠定了基础，他的思想很多年来一直是斯德哥尔摩公园局行动的指南。

接替阿姆奎斯特的是布劳姆（Holger Blom），他作为公园局的负责人长达34年之

图6　马尔默东部墓园

图7　Björkhagen圣马可教堂庭院

图8　Klippan圣彼得教堂花园

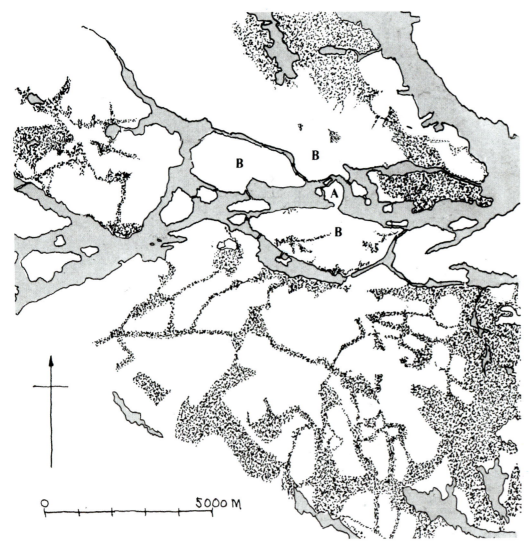

图9 斯德哥尔摩城市绿地系统平面图　A.老城中心　B.新城中心（引自The Landscape of Man）

图10　Höga-Kunsten公路工程（引自Topos 27）

图11　哥德堡污水处理厂环境（引自Topos 27）

久，直到1971年退休。他改进了阿姆奎斯特的思想，促使了"斯德哥尔摩学派"（Stockholm School）的形成。

布劳姆的公园计划反映了那个时期的时代精神：城市要成为一个完全民主的机构，公园属于任何人。在这一计划实施的过程中，斯德哥尔摩公园局成为一群优秀的年轻设计师们成长的地方，一些人成为瑞典景观设计界的主要人物，如海梅林（S.A.Hermelin，1900～1984）、格莱姆（Erik Glemme，1905～1959）、波道夫（U.Bodorff，1913～1982）、鲍尔（W.Bauer，1912～）等。

格莱姆1936年进入公园局，作为主要设计师一直工作到1956年，在形成"斯德哥尔摩学派"的大多数作品中，都留有他的手笔。从城市中心最重要的开放空间Kungsträdgården花园到市郊的一个小街角的布置，从楼梯栏杆的装饰到市政厅的会议桌设计，格莱姆在斯德哥尔摩留下了难以数计的印记。

18世纪中叶，英国作家沃浦（H.Walpole）在描述肯特（William Kent，1684～1748）设计的风景园时曾有一句名言："肯特越过了围篱，看到所有的自然是一个园林"。"斯德哥尔摩学派"似乎倒转了这句名言，成为"所有的园林都是自然"，但这并不是任何未经开发的天然地区。许多情况下，选择作公园的基地常常是不可接近的沼泽或崎岖的山地地貌，看上去几乎没有再创造的价值。"斯德哥尔摩学派"的设计师们以强化的形式在城市的公园中再造了地区性景观的特点，如群岛的多岩石地貌、芳香的松林、开花的草地、落叶树的树林、森林中的池塘、山间的溪流等等。这是一个伟大的创举，以前几乎没有公园设计师以这样一种不同寻常的方式工作，在城市的中心创造一个完全乡村的景观。

虽然"斯德哥尔摩学派"的作品在形式上与英国风景园有些相似，但是，这是两种完全不同的园林。风景园是为少数贵族的美学需求，为了部分人的私人使用；而"斯德哥尔摩学派"的公园是为城市提供良好的环境，为市民提供消遣娱乐的场所，为地区保存有价值的自然景观特征，它的社会性是第一位的，它的意识形态基础源于政治的和社会的环境[5]。

斯德哥尔摩皇家技术学院的园林艺术教授朗伯格（E.Lundberg）曾这样描述了"斯德哥尔摩学派"的设计思想基础：在对园林艺术的美的追求中，有两条线索可以追寻，一是去研究这个地方的可能性，去关注已经存在了的那些东西，通过强调和简化去加强这些方面，通过选择和淘汰去增加自然美的吸引力；第二是回到现实的需求，即我们想要获得什么？生活将怎样在这儿展开？在这个未来的乐园中，我们希望获得什么样的舒适、消遣和快乐呢？这是一个设计师检验自己的作品时必须遵循的两个方面。

"斯德哥尔摩学派"在瑞典景观设计历史的黄金时期出现，它是景观设计师、城市规划师、植物学家、人文地理学家和自然保护者共有的基本信念。在这个意义上，它不仅仅是一个观念，更是一个思想的综合体。

"斯德哥尔摩学派"的顶峰时期是从1936~1958年。1960年代初，成千上万的瑞典人为寻求更好的工作机会涌进首都，于是，大量廉价、预制材料构筑的千篇一律的市郊住宅被兴建，许多土地被推平，地区的风景特征被破坏。尽管斯德哥尔摩公园的质量后来下降了，但至今仍然可以看到格莱姆和"斯德哥尔摩学派"其他人的一些作品。如今，这些公园的植物已经长大成熟，斯德哥尔摩的市民从前一代人的伟大创举中获益无穷。

"斯德哥尔摩学派"也造就了斯德哥尔摩在城市绿地系统建设上的辉煌成就。它通过"指状绿带"（green fingers）的规划思想将自然引入城市，即绿地通过自然的地形，以渗透的方式介入老城和新建城区中，形成有机的网状绿地系统（图9）。渗透的方式，避免了绿地建设中对历史古迹的破坏，也把绿色景观引入每一条街道，人人都可以平等地感受到清新空气和可以接近的绿地。斯德哥尔摩"指状绿带"的渗透理念后来影响了丹麦哥本哈根城市的绿地系统规划，哥本哈根著名的"指状规划"（Finger Plan，1948）也运用了相同的理念。

20世纪中期，瑞典的城市建设显示了通过景观、建筑和城市规划来实现政治理想的倾向。斯德哥尔摩郊区的魏林比（Vallingby）就是城市规划的一个范例。除了完整的居住、办公、商业、交通、文化和娱乐设施，林地和公园的区域也都得到了很好的保护和扩展。不过，城市公园的数量毕竟有限，大多数瑞典景观设计师仍投入到私家花园的设计。在这种情况下，景观设计师经常作为花园设计师工作，他们具备良好的植物知识和种植经验。在私家花园中，通过建造吸引人停驻的廊架和体验花园的步道来创造变化的空间。

瑞典拥有丰富的水电资源，随着高速公路的发展，20世纪60年代景观设计师适应社会的大发展，介入了更加广泛的规划设计领域，如工业设施、水电站、采石场、高速公路的规划。景观规划与设计的范围大大拓展。

1970年代，景观行业关注的重点是生态问题以及规划建设对自然的影响。对自然的热爱和尊崇是瑞典人的传统精神，同时也已融入他们的现代生活。1970年代以来，瑞典在致力于本国和全球环境保护方面已经走在了世界的前列。

与1960年代相比，70年代景观设计师除了设计位于乡村中的项目外，有更多的项目在城市之中。在生态理念的驱使下，自然景观的语言被应用到城市的文化景观中，有时就会产生一种缺乏逻辑和条理的设计。例如在居住区庭院中，尽管空间很小，根本无法模拟复杂的自然生态系统，但设计师仍然试图在每个角落里模仿自然的群落生境。瑞典景观设计评论家T.安德松（Thorbjörn Andersson）认为，正是上述这种设计方式导致了景观设计中真正设计的几近消失[6]。在70年代的生态运动中，景观设计师反而失去了设计的能力，随之建筑师介入到景观行业中，他们设计的精巧的廊架、长凳及其他构筑物遍及城市的广场、街道

图12 魏林比小镇鸟瞰
（引自The Architecture of Landscape：1940~1960）

图13 Bo01小区完善的雨水收集系统

和公园之中。

1990年代，温室效应和繁重的交通给城市带来了诸多的问题，生态、空间、可持续成为新的重要词汇。工业的转型和交通方式的变化造成了城市里大片衰落的工业和港口区。景观设计师再次走入大型的景观项目，不过这次不是在自然中，而是在城市中，如城市旧区的更新改造，城市开放空间的建设等等。

1998年斯德哥尔摩的欧洲文化之都年（Cultural Capital Year）系列活动中的现代景观展和花园展引起了人们对景观的关注。90年代末的几个项目显示出瑞典景观设计师对充满表现力的景观的追求，同时，景观设计师与艺术家之间有了更普遍的合作。这时，景观设计师也更加广泛地涉足基础设施的建造，如瑞典最引人注目的32km长的沿海公路工程Höga-Kunsten（图10），连接瑞典、丹麦的厄勒海峡（Øresund）大桥的建设，以及由景观设计师Jan Räntfors设计的瑞典哥德堡（Göteborg）的污水处理厂环境（图11）等。

功能主义的社会理想成就了20世纪瑞典景观设计的精华。在寻找人人平等的现代主义理想中，景观设计回到了"自然"的传统上。斯德哥尔摩学派的城市公园运动不仅把自然中的林缘、湖泊和池塘、林中空地和自然草地引入城市，并且形成了先进的城市绿地系统。

20世纪瑞典在景观设计上构筑了自己的特征，同样对新城建设和旧城区的更新改造也产生了广泛的影响。瑞典是一个工业国家，和欧洲其他国家一样，工业化过程导致了城市人口的急剧膨胀。为缓解大城市的居住压力，瑞典设计师在1950年代就提出了以交通干线为脉络、建设有就业机会的自给自足的新城开发模式。遵循这种模式，50年代在斯德哥尔摩附近新建的魏林比小镇（图12）就成为现代城市建设史中的一个杰出范例。小镇预见性地避免了当代城市建设出现的许多弊端，诸如交通问题和因无法解决就业问题而出现的"睡城"（bedroom city）等。

21世纪初，瑞典在将废弃的工业港口转变为可持续的新城区的实践上同样产生了广泛的影响。马尔默西港区（Western Harbor）的开发和斯德哥尔摩Hammarby Sjöstad新城的建设是其中的典型。2001年在马尔默举办的欧洲住宅展览会Bo01，建成了以明日之城（City of Tomorrow）为主题的Bo01住区，它是西港区长远开发计划中的第一步。Bo01成功地将城市废弃的海港区转化为全面实践可持续发展概念的舒适优美的城市生活新区，许多北欧国家的景观设计师参与了项目的设计工作。Bo01在指导思想和应用技术方面，既采用了当今建筑领域许多先进的研究成果，如低层高密度街坊式的建筑布局、建筑的节能设计、百分之百可更新利用的能源系统、污水与废弃物回收和循环利用的系统、城市暴雨的管理和利用（图13）等，也实践出许多有利于城市环境多样性建设的开发标准和规划思想，如高标准的公共空间建设，大量开发商的参与和保障最终建设品质的"品质计划"（quality programme），这些都已成为后续西港区开发的模式和标准。Bo01住区的可持续理念、开发策略、建设模式和先进技术的运用，成为国际领先的可持续城市住区范例。

Hammarby Sjöstad新城位于斯德哥尔摩市区和Nacka自然保护区之间，是斯德哥尔摩多年来最大的城市发展项目，目前正在建造中（图14）。Hammarby Sjöstad新城把城市规划、建筑设计以及公共开放空间统筹考虑，将一个日渐衰败的港口和工业区转变成充满吸引力的、拥有美丽公园和绿色开放空间的城市新区。到2010年全部建设完成时，新城将容纳30000人生活和工作。在环境规划上，新城继承了斯德哥尔摩学派的公园统筹城市生活的思想。新城中心宽阔的水体形成了视觉焦点（图15），各区周围规划了不同类型的公园、码头和步行道，为市民提供了多种运动和休闲的可能，有小船停靠点，室内和室外运动场，可以方便地到达Nacka自然保护区。新城由传统的市中心区和现代开放式的都市区组成。市中心区街道的尺度、街区的长度、建筑的高度、密度和多功能的空间使用都与通风、阳光和景观的要求相和

图14　Hammarby Sjöstad新城平面图
（引自www.hammarbysjostad.se）

图15　Hammarby Sjöstad新城鸟瞰
（引自www.hammarbysjostad.se）

谐。满足生态和可循环利用要求的水、能源和废弃物的管理模式是Hammarby Sjöstad新城环境规划的重点，并已在建设中取得良好的效益。

目前瑞典有两所大学具有景观类的专业，一是位于瑞典南部马尔默附近的瑞典农业大学（1977年合并瑞典农学院、林学院和兽医药学院而成，在全国共设有4个校区）Alnarp分校，这是全国最大的景观学院校，研究领域涉及景观设计、景观规划、花园和景观历史、环境心理学和景观生态。另一个是位于斯德哥尔摩北面乌泼萨拉（Uppsala）的瑞典农业大学Ultuna分校，其景观规划系的景观教育和研究主要在两个方向：景观规划和侧重于可持续发展变化过程的环境交流（Environmental communication）。20世纪末，瑞典每年约有70个景观专业的毕业生。目前，瑞典景观协会（Swedish Landscape Association）是瑞典建筑师协会（Sveriges Arkitekter）下设的一个分会，协会网站地址是http://www.arkitekt.se。

4.3 景观设计师

近百年间，瑞典的景观设计行业人才辈出，每一时期都有其代表人物。20世纪20~30年代，建筑师在瑞典景观设计领域扮演了重要的角色，他们对瑞典现代景观和城市公园的发展起到重要作用和影响，如阿斯普朗德、莱维伦茨和布劳姆等。20世纪40~60年代，瑞典一批年轻的景观设计师成长起来，如海梅林、格莱姆和马汀松（Gunnar Martinsson, 1924~）等。90年代后，T.安德松（Thorbjörn Andersson, 1954~）、J.伯格伦德（Jonas Berglund）、戈拉（Monika Gora, 1959~）等成为瑞典景观设计界的代表人物。

4.3.1 阿斯普朗德（Gunnar Asplund, 1885~1940）

阿斯普朗德是瑞典最有国际影响的建筑师之一，1909年毕业于瑞典皇家工学院建筑系。阿斯普朗德一边在皇家工学院教学，一边参与设计实践和主持编辑瑞典建筑杂志，"寻求新建筑和新生活"是他的建筑理想。

20世纪20年代末，阿斯普朗德已经成为一位忠实的现代主义者。1930年在著名的斯德哥尔摩展中，他的设计明确传递出现代主义的理想。1931年后，阿斯普朗德改变了对现代主义的忠诚态度，开始转向北欧的古典主义。

阿斯普朗德和莱维伦茨设计的斯德哥尔摩森林墓地（图16）是现代景观的杰出作品。

图16　斯德哥尔摩森林墓地

T.安德松认为："在瑞典，除了森林墓地之外，再没有其他的景观范例能将现代主义思想表达得如此明晰和透彻[7]。"同样，建筑历史学家Dan Cruickshank也给予森林墓地极高的评价："若是现代运动也有它的帕提农神庙的话，那它应该是森林墓地。"森林墓地奠定了阿斯普朗德在现代建筑史和景观史中的重要地位。

阿斯普朗德将建筑与环境完美结合的追求还体现在斯德哥尔摩城市图书馆公园（Library park，1927~1938）中。他用方形水池倒映建筑的古典主义手法，烘托出图书馆作为知识宝库的神圣氛围。

作为两次世界大战期间瑞典最主要的建筑设计师，阿斯普朗德更多为人们所知的不是他的建筑设计，而是他将建筑同场地结合以及设计景观环境的卓越能力。阿斯普朗德处理建筑与环境的独特手法和理念，影响了他之后的许多著名的建筑大师，如芬兰的阿尔托（Alvar Aalto，1898~1976）和丹麦的伍重（Jørn Utzon，1918~）。

在本书实例部分中收录了阿斯普朗德的斯德哥尔摩森林墓地和斯德哥尔摩城市图书馆公园。

4.3.2 海梅林（Sven A.Hermelin，1900~1984）

海梅林是20世纪瑞典重要的景观设计师。1923年海梅林创立了瑞典景观设计师协会（Swedish Institute of landscape Architects），1926年海梅林建立了事务所，之前他曾在丹麦学习过园艺并在斯德哥尔摩公园局工作过，还曾在德国学习。海梅林参加了斯堪的纳维亚半岛的许多组织，曾任Alnarp园林协会（Institute Landscape Gardening）第一任主席(1934~1954)，国际景观设计师联盟（IFLA）副主席。他与丹麦景观设计师协会合作编辑《花园艺术》（Havekunst）杂志，并在斯堪的纳维亚半岛的专业出版物发表了大量的文章，因而长时间以来海梅林是很有影响力的人物。他是瑞典最早的以设计顾问的身份参与实践的景观设计师，一生都在为以一种新方式来定位景观设计职业而努力。他将景观设计师的工作范围从花园拓展到了更广泛、更综合的领域。

海梅林早期的花园设计受德国和英国的影响，后来他关注瑞典景观特征的设计表达。"作为瑞典的景观设计，什么是对它最好的理解呢？"海梅林在观察中发现：在瑞典人的思想中，旷野对人是不会构成威胁的。瑞典花园的外向传统体现了瑞典人对自然的亲近态度。基于这种认识，海梅林认为"对瑞典景观设计最好的理解"就是与基地的相通[8]，即花园设计是对已存在的环境品质的理解和强调，而不是强加给它一些不属于它的东西。因此海梅林的设计注重对预先存在的景观的综合，以至于最终他所有的设计努力似乎都不可见了。但如果熟悉基地的原状，就会意识到他的努力是有效的，而且是对原有景观的一种积极的改变。海梅林致力于将这种外向的自然态度作为瑞典花园艺术的精华，这使得他很难脱离自然主义（naturalism）的表达。在他为瑞典建筑师Sven Markelius设计的别墅花园（1945）中，嵌在自然草地中的没有明确边界的游泳池（图17），重新延续了瑞典花园的外向传统，成为当时诠释人与自然亲近的著名实例。

尽管海梅林接受的是传统的花园设计训练，但他却更多地倾向于从自然中汲取设计的灵感。他常这样评价设计：当人们问起这是由谁设计时，你就知道你的设计已经失败了。他认为景观设计师应该在所有时候都要使自己适应并服从于场地。他不喜欢在贫瘠的地方为了种植添加新土，总是用当地的乡土植物来满足土地的要求。

海梅林的思想非常接近民主平等和社会改良的政治理念。受德国的"美化工作环境"（Beauty of Work）运动的影响，海梅林坚信在工厂周围创造一个令人愉悦的花园，可以为工人们提供更好的工作条件和保持良好的健康状态。位于斯德哥尔摩郊区Sundyberg的Marabou公园（Marabou Park，1937~1945）

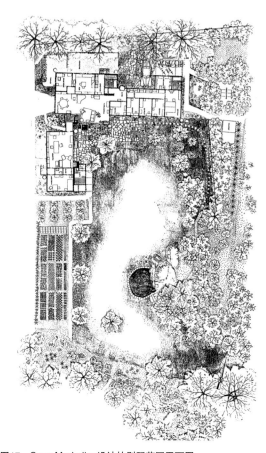

图17 Sven Markelius设计的别墅花园平面图
（引自The Architecture of Landscape：1940-1960）

（图18a、b）是他这种思想的产物。1937年春，Marabou巧克力公司委托海梅林在工厂附近设计一个2hm²的公园，使它成为工人们小憩和周末消遣的场所。海梅林将平缓的基地变为大片的草坪，人们可以在这里享受阳光和娱乐消遣，草坪上有雕塑和花坛，还有岩石园、池塘、儿童嬉水池和水边的凉亭。

海梅林的思想和设计态度对瑞典20世纪50~70年代间的景观设计及之后的发展产生了重要影响，他的自然式倾向也促成了瑞典景观的特质。一些北欧国家重要的景观设计师曾经工作于海梅林的工作室，如马汀松（Gunnar Martinsson，1924~）和S.I.安德松（Sven-Ingvar Andersson，1927~），海梅林影响了这些设计师。在70年代流行的生态思潮中，海梅林反对不顾条件地从美学中分离生态，他确信景观设计师的责任是在实践中统一科学和艺术。在明确景观设计师的任务和责任上，海梅林也认为，景观设计师对社会的关心是使他们区别于园艺师（gardeners），甚至是花园设计师（garden architects）的所在。秉承海梅林的精神，S.I.安德松也一再强调"景观设计师有一种社会责任"，有带给人们愉悦的责任。

4.3.3 布劳姆（Holger Blom，1906~1996）

布劳姆是位建筑师，曾工作于柯布西耶在巴黎的事务所。20世纪30年代末，布劳姆接替了阿姆奎斯特的工作。布劳姆是位优秀的领导人，懂得聘用有才华的设计师的重要。他保持着与新闻界和政界的良好关系，在公园的资金和实施上获得了必要的信任和帮助。他改进了他的前任阿姆奎斯特的公园计划，用它去增加城市公园对斯德哥尔摩市民生活的影响，并让市民和政治家都能了解这项计划的意义。布劳姆的公园计划包括四个方面：1）公园调剂城市（城市规划方面）；2）公园为户外娱乐消遣提供场所（卫生和健康方面）；3）公园为公众聚会提供空间（社交方面）；4）公园保护自然和文化（生态方面）。具体而言，就是公园能打破大量冰冷的城市构筑物，作为一个系统，形成在城市结构中的网络，为市民提供必要的空气和阳光，为每一个社区提供独特的识别特征；公园为各个年龄段的市民提供散步、休息、运动、游戏的消遣空间；公园是一个聚会的场所，可以举行会议、游行、跳舞甚至宗教活动；公园是在现有自然的基础上重新创造的自然与文化的综合体。在这些理念下，公园局设计了很多这种风格的公园，后来被称之为景观设计的"斯德哥尔摩学派"。

布劳姆的计划还包括一个由城市发起的文化机构"公园剧场"（Park Theater），一个流动的演出团体。它每年5月至9月在各个公园中巡回表演，为市民提供免费的节目，这个机构在50年后依然存在。公共艺术计划资助特定场地的雕塑，这些雕塑由最优秀的艺术家创作，以提高公园和广场的美学质量。位于斯德哥尔摩城市南部的Västertop广场上的艺术品，就足以使任何博物馆羡慕，从国内有名望的艺术家马克兰德（Bror Markland）的作品到国际著名艺术家亨利·摩尔的雕塑。布劳姆还设计了街头成组的混凝土花钵，美化了古老的街道，称之为"移动式花园"（Portable Garden），这一设施后来被许多国家效仿。

布劳姆的贡献还在于他表现出非常强烈的试图解决公园政策问题的思想，并成功实现了将市中心几乎所有区域都组织到了城市公园系统之中。在布劳姆的任职期间，公园对"瑞典模式"起到了积极的推动作用，公园作为斯德哥尔摩的城市风格逐渐得到承认。

图18 Marabou公园
(引自The Architecture of Landscape：1940~1960)

b.公园一角

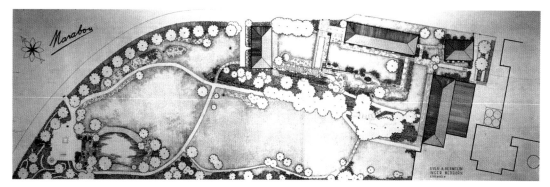

a.平面图

4.3.4 格莱姆（Erik Glemme，1905～1959）

格莱姆1936年进入斯德哥尔摩公园局，作为主要设计师一直工作到1956年，在形成"斯德哥尔摩学派"的大多数作品中，都留有他的手笔。

玛拉伦湖北岸公园（Norr Mälarstrand）和Rålambshovsparken公园，可能是所有"斯德哥尔摩学派"的作品中最突出的。玛拉伦湖北岸公园是沿湖岸的一条狭长的绿带，从郁郁葱葱的乡村一直到斯德哥尔摩市中心市政厅台地花园结束。在城市西郊边缘的湖岸公园的起点，它的景观看起来仿佛是人们在乡间远足时经常遇到的自然环境（图19），如弯曲的橡树底下宁静的池塘。公园里有曲线的步行小路，有雕塑、座椅、码头、池塘、小桥、游泳场、日光浴场、小咖啡馆（图20）和为个人静思或小团体聚会的小的花园房间。格莱姆认为，这种湖岸步行区只是公园的边缘，公园应当包括湖面。一个休闲的公园能够用来进行斯德哥尔摩人所喜爱的活动，如游泳、划船、赛艇、帆船、钓鱼和冬季滑冰。Rålambshovsparken公园与湖岸公园紧密相连，共同构成了该区域完善的绿地网络。公园用树丛围合出中心开敞的草地，将空间和视线引向玛拉伦湖（Lake Mälaran）的开阔水面。草地的南面，有一个森林池塘和一个能容纳5000人的郊野露天剧场（图21）。剧场及附近的材料和布置，反映了斯德哥尔摩市之外的群岛的景观。

20世纪40年代，格莱姆改造和修复了位于斯德哥尔摩市人口稠密地区的泰格纳树林（The Tegner Grove，1941年）和瓦萨公园（Vasa Park，1947年）。瓦萨公园位于斯德哥尔摩市人口稠密的地区，始建于19世纪末。20世纪40年代，公园的一部分因城市道路建设而遭到破坏，格莱姆负责修复公园受损的部分。他设计了三个小尺度的方形岩石园，位于山坡上不同标高的地方，人工的构筑物与基地上起伏粗犷的景观形成对比。岩石园作为室外房间，为人们提供了一个安静的休息场所（图22a、b、c）。

1954年格莱姆为斯德哥尔摩卫星城魏林比（Vällingby）设计了小镇广场，体现了简单几何形重复运用所显示的韵律美。地面基调为灰色、棕色和白色花岗岩石块组成了灰色地面上的圆形铺装图案（图23）。为强调圆形的纯粹和连续，广场上几乎没有栽植植物，水池也为圆形。格莱姆用典型的现代主义方式，模糊了空间的连接，赋予广场鲜明的建筑身份。

格莱姆的设计语言从有机的到数学的，不考虑特殊的形式，以节制、变化和社会观念展开。他对外国的宗教和哲学抱有浓厚的兴趣，曾经设计过太极图案的铺地。对格莱姆来说，园林的魅力在于人的精神和感官的体验。

在本书实例部分中收录了格莱姆的泰格纳树林。

4.3.5 马汀松（Gunnar Martinsson，1924～）

马汀松于1924年出生于斯德哥尔摩，曾在斯德哥尔摩农业和园艺学校学习，后来有机会在德国斯图加特的瓦伦丁(Otto Valentien，1879～1987)事务所实习。1951～1956年在斯德哥尔摩市的海梅林事务所工作，1958～1960在斯德哥尔摩艺术学院学习建筑，1957年建立了自己的事务所，并很快取得了一些影响。1963年马汀松在德国汉堡举办的国际园艺博览会上设计了瑞典园林，这是一个住宅花园（图24）。其中一个庭院在住宅的中心，另外一个庭院为建筑的花园。住宅有大片玻璃窗，两个庭院视线上可以互相贯通。花园中布置着一系列由绿篱修剪成的高低、大小不同的立方体，形成形状不一、大小不同、功能各异的连续空间。从住宅室内看花园，绿篱层层叠叠，视线非常深远。这个小花园产生了相当大的影响，德国的同行也通过它了解马汀松。1965年马汀松来到德国卡尔斯鲁厄大学（Universität (TH) Karlsruhe）建筑系新成立的景观与园林研究室工作，直到1991年以后他才返回瑞典。马汀松是把斯堪的纳维亚国家景观设计的思想和理论引入德国的最重要的人物之一。

图19　玛拉伦湖北岸公园

图20　玛拉伦湖北岸公园中的室外咖啡场所

图21　Rålambshovsparken公园中的露天剧场

与瑞典的其他景观设计师不同，马汀松常用简单的几何形进行设计，而较少使用自然的林缘、林间空地和草地等设计语言。他认为丹麦的景观设计师布兰德特和索伦森是对自己影响最大的两位学者，从他们那里他学到了简单、清晰的结构，丰富的空间，特别是用修剪的绿篱划分空间的手法。他还用极具个性的透视图（图25）来构思、表达设计。透视图每一根线条都准确无误，从图上可以看出他的设计充满斯堪的纳维亚设计的特点：简洁、结构清晰、空间明确。

马汀松认为花园是室外的房间，主张"我们尽最大努力功能地、客观地思考设计，尽最大努力使花园成为生活环境的一部分……我们的花园会成为起居室或孩子的空间……"[9]，可以说功能性强烈地体现在他的花园设计中。

斯德哥尔摩附近的Solna的Kungshamra学生住宅（1965）体现了马汀松对住宅庭院灵活使用的理念，庭院中一些家具设施和乒乓球桌是可以随意搬动的，以便夏季为人们活动提供一个大的室外"起居室"。马汀松还关注室内外空间统一带给人们视觉的愉悦和活动的便利。无花果果园和雪果林（Fig Orchard and Snowberry Grove，1963）花园与Växjö中心医院花园的设计中都体现出这一特点。在无花果果园和雪果林的花园中，立方体成了形式的主题，雪果和岑树都是立方体的造型。大小不一的立方体在花园中自由布局，形成立方体的植物和空间的拓扑关系。

在Nyköping市政厅庭院（1955），马汀松运用了自由的和充满实验性的形式语言。地面由植物和混凝土等不同材质的三个三角形组成，窄条状的混凝土分隔物将一个长方形区域分成许多小的空间，里面种满垫状的多年生植物，每个小空间中栽植一种植物。庭院一端由四个不同标高的方形水池形成了跌水瀑布。水池、长的步道和修剪成方形的绿篱，俯视庭院有如一幅构成画（图26）。

1958年马汀松赢得了Råcksta墓园竞赛，后来马汀松又设计了Huddinge和Linköping的墓

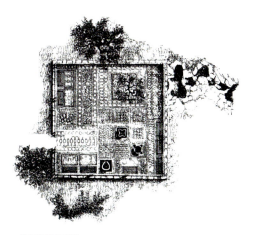

a.岩石园平面图
(引自Modern Landscape Architecture：A Critical Review)

b.公园一角

c.岩石园内
图22 瓦萨公园

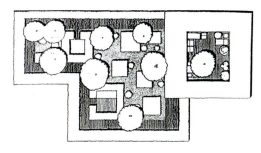

图24 汉堡国际园艺博览会上的住宅花园
(引自Gartenkunst des 20. Jahrhunderts)

图25 马汀松画的透视图 （引自同图24）

图26 Nyköping市政厅庭院俯瞰
(引自open to the sky)

图23 魏林比小镇街道上的圆形铺装图案

园。方形墓碑成为马汀松设计的墓园的标识。1961马汀松和Ulla Molin一起为家庭花园展览设计了绿屋花园（the green room），花园为常见的斯堪的纳维亚简朴风格。

马汀松在德国做了大量的设计，同时又培养了一批设计人才。通过教学和设计，他成为德国1970～1980年代影响很大的景观设计师，享有崇高的荣誉。1980年代他设计了许多优秀的校园规划和城镇规划，获得了许多项奖，如1981年的德国景观设计师协会（BDLA）奖，1982年的State Prize，1983年获得德国景观设计重要的奖励——斯开尔奖（Fridrich-Ludwig-von-Sckell-Ehrenring），此外，马汀松还出版了《Trädgårdar》一书。

在本书实例部分中收录了马汀松的Råcksta墓园。

4.3.6 T.安德松（Thorbjörn Andersson, 1954～）

T.安德松是瑞典农业大学Ultuna分校的景观规划系教授，在瑞典农业大学Alnarp分校获得硕士学位。他是瑞典著名的FFNS建筑师事务所的景观设计负责人，擅长城市设计，已在国内外设计了许多公园、街道、广场和都市空间。1984年，T.安德松创刊Utblick Landskap景观杂志，并任编辑。他发表了很多文章和评论，对世人了解瑞典现代景观做出重要贡献，2005年T.安德松获得了瑞典建筑师协会颁发的评论奖（kritikerpris）。2002年T.安德松出版了《场所》（Platser/Places）专集，从他近10年来建成的作品中选取了10个项目介绍给读者。T.安德松近期作品有哥德堡的Hjalmar Branting广场和公园、Jönköping的港口公园（2001）、瑞典Norrköping的Holmens Bruk、马尔默Bo01小区的丹尼亚（Daniapark）公园（2001）、Kristianstad的 Östra Boulevarden的广场和街道景观、斯德哥尔摩Liljeholmen的公园和雕塑中心等。2001年，FFNS建筑师事务所应上海市政府的邀请参加了上海罗店新城的规划设计（图27），继而分别在北京和深圳参加了一些居住区的规划设计。这些设计都致力于将斯堪的纳维亚设计和技术方面的经验与中国的环境和市场相结合，提供有特色的、高质量的作品。

在本书实例部分中收录了T.安德松的马尔默Bo01小区的丹尼亚（Daniapark）公园。

瑞典当代重要的景观设计师还有J.伯格伦德（Jonas Berglund）和戈拉（Monika Gora 1959～）等人。伯格伦德与Åsa Drougge 和Göran Lindberg一起在斯德哥尔摩建立Niveau景观事务所并有大批设计作品，主要建成项目有：Jordbo火车站区改造（图28）和斯德哥尔摩Katarina Bangata街的改造。景观设计师和艺术家戈拉曾在乌泼萨拉和瑞典农业大学Alnarp分校学习景观设计，1989成立了GORA艺术与景观公司（GORA art & landscape），以景观设计和艺术装置为主。在戈拉的作品中，功能的构件常被赋予雕塑或装置的意味，幻想的感觉和境界常在她的作品出现，对于这种纯粹想像的景物来说，光在她的作品中有着重要的作用并经常创造出不同寻常的气氛。戈拉的主要作品有海尔辛堡（Helsingborg）IOGT庭院改造（2004）、马尔默（Malmö）奥古斯特堡屋顶植物园（Augustenborg's Botanical Roof Garden）展示区的"抽象的竹林"的景观、瑞典南部Landskrona的图书馆区（1999）（图29）和"撬棍"（Jimmy）。

图28　Jordbo火车站区改造后的环境
（引自Landscape architecture in Scandinavia [M]. Edition Topos）

图29　Landskrona的图书馆前环境
（引自 Urban Square[M]. Edition Topos）

图27　上海罗店新城诺贝尔公园效果图
（引自理想空间 2005.6）

5 丹麦的景观设计

丹麦位于欧洲西北端，处于北海和波罗的海之间，由400余个大小岛屿组成，面积4.3万 km²（不包括格陵兰和法罗群岛），人口537万。丹麦南部毗连德国，北与挪威和瑞典隔海相望，是连接中欧与斯堪的纳维亚半岛的桥梁。丹麦国土多为低洼平地，柔缓起伏的丘陵构成波状平原的景观。丹麦属温带海洋性气候。由于受大西洋吹来的西南风的影响，冬暖夏凉，气候温和平稳，夏冬气温差别不大。20世纪20年代社会民主党的兴起使丹麦逐步建立了社会民主制度和福利制度。二战后，丹麦更是发展成为世界上最舒适、最富裕、最安宁的现代福利国家之一。

5.1 园林的发展

中世纪时期，园艺被修道士引进丹麦。当时的花园非常简单，多为十字形的平面形式，中央常有一口井。花园里主要种植药用植物，也有香料植物、蔬菜和水果。渐渐的，园艺知识从修道院传到了拥有大片土地的宅邸和农场中。1539年丹麦宗教改革导致许多修道院被医院、城镇或是学院接管，修道院花园呈现出不同以往的功能。[10]

1562年在科灵城堡（Koldinghus）中，Dorathea王后把文艺复兴花园引入丹麦。1647年，丹麦第一本花园论著《Horticultura Danica》出版，作者布劳克（Hans Raszmussøn Block）是一个草本植物专家，他非常熟悉国外草本花园的设计，书中对本国设计整齐实用的草本花园以及运用植物造型和装饰都提出了建议，同时还论及园艺风格、植物繁殖和养护、花床的布置等，其中对草本植物、开花植物和果树等不同类型的植物都有详尽的描述。

Christian四世对丹麦文艺复兴花园的发展有重要影响，1606年，他设计了位于哥本哈根的国王花园（Kings Garden）。他将平坦的用地分为大小不同的方块，其间种植的植物达1400多种。国王喜好建筑，他在哥本哈根和全国各地大兴土木，在他的带动下，文艺复兴风格从皇家园林传到了贵族以及后来的中产阶级的花园中。文艺复兴花园在丹麦的影响一直延续到18世纪。

18世纪后，丹麦的园林开始繁荣起来。Frederik 四世在法国看到勒·诺特尔建造的宏伟园林后，十分震惊。此时，国王成功地建立了君主专制，园林设计师克里格（Johan Cornelius Krieger，1683~1755）为其设计了Frederiksberg花园、Frederiksborg城堡花园（图30a、b）和Fredensborg城堡花园。在这些花园中对地形的塑造和叠水小瀑布的造景处理，显示了克里格的才能，而在Rosenborg宫（图31）和Hirschholm宫花园的改造中，则显示了克里格对勒·诺特尔式花园规划原则的灵活运用。继克里格后丹麦的重要园林设计师是法国人Nicolai-Henri Jardin(1720~1799)，他

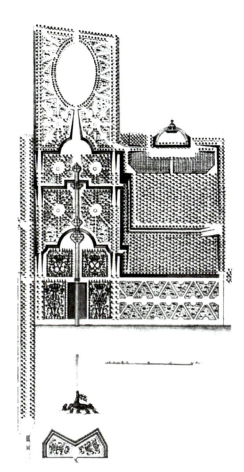

a. 平面图

b. 花园

图30 Frederiksborg城堡花园
（引自Guide to Danish Landscape Architecture：1000~2003）

图31 Rosenborg宫花园

改造了位于Helsingör的Marienlyst宫殿花园，开始以成排的椴树来界定花园边界。在Glorup花园的改造中，Jardin将花坛缩减成一个窄条，布置在几百米长的水池岸边。

除皇室外，贵族们也充满了建造花园的热情。由于财力有限，在这些花园中不能建造豪华的水景，所以花园设计不再完全模仿意大利和法国的式样。当时的建筑师Nicolai Eigtved(1701~1754)设计了不少私家花园。Eigtved在花园中引入了新的简化的形式，他在Frederiksdal为J.S.Schulin建了一个小住宅（1743~1744），花园主轴由一大片宽敞的草地构成。

18世纪中叶后，英国风景园影响到丹麦。人们认为由树林、灌木篱墙和草坡驳岸构成的自然式花园与设计精巧的规则式花园一样美丽，丹麦的一些几何式花园随后也被改造为自然式花园，如Frederiksberg花园。18世纪60年代后，受中国艺术风格影响的浪漫主义花园开始在丹麦流行，1780年代开始建的Liselund被认为是最好的作品（图32a、b）。Liselund的主人Antoine de la Calmette夫妇从欧洲旅行的经历和法国作家卢梭(Jean-Jacques Rousseau，1712~1778)的思想中获得启发，将老城堡后面的森林改造成为一个地形起伏、小路蜿蜒、湖面与溪流相嵌的美丽花园，许多异国情调的小建筑散布其中，比如挪威小屋、瑞士农舍和中国亭子，这些景物至今仍保留着。

浪漫主义花园的风格传播很快，18世纪70年代，不仅王室成员和贵族，有钱的商人也开始建花园了。在丹麦，风景园的发展与欧洲大陆其他国家相同，开始是浪漫主义风景园，后来在形式上逐渐净化。

19世纪欧洲许多大城市开始建公园和林荫大道，哥本哈根在老城墙旧址上建设了很多公园，如蒂伏里（Tivoli）花园、Ørsted公园（图33a、b）、Ørste Anlæg和植物园（图34），这些公园成为新兴的中产阶级聚会的好去处。

19世纪晚期，丹麦农业处于繁荣时期，这使得农场主也在大尺度上改造已有的宅邸花园，有的改成了风景园。

随着工业与技术的发展，园林师设计建造了许多新的艺术花园来诠释对自然愉悦的追求，代表人物有Henry August Flindt(1822~1901)和Edvard Glæsel(1858~1915)。Flindt既设计大众公园（图35）也设计宅邸花园，其业务遍及丹麦全国和瑞典南部的一些地方。Glæsel随Flindt工作，他不喜欢奇特的矫揉造作的设计，而欣赏纯粹的风景。Glæsel设计了几个当时出名的墓园，如哥本哈根西部墓园、Bispebjerg墓园和Sorø新墓园，以及无数的花园和乡村住宅。同时，他还用建筑

图34　哥本哈根植物园平面图
（引自Guide to Danish Landscape Architecture：1000~2003）

图35　Flindt和Glæsel设计的Citadel and Churchill公园
（引自Guide to Danish Landscape Architecture：1000~2003）

a.瑞士农舍　　b.中国亭子

图32　Liselund
（引自Guide to Danish Landscape Architecture：1000~2003）

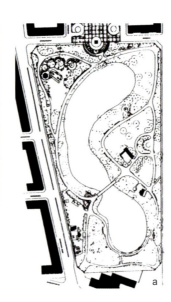

图33　Ørsted公园（a.平面图　b.公园）
（引自Guide to Danish Landscape Architecture：1000~2003）

风格来创造小花园，例如Bækkeskov花园（图36a、b）、Bispebjerg医院和哥本哈根市政厅花园。这种创作方式使他成为"建筑式花园风格（architectural garden style）"的重要人物[11]。

这一时期的另一位园林设计师Rudolf Rothe(1802~1877)在1833~1848年间曾是Fredensborg城堡花园的负责人，他把当时法国式的Fredensborg城堡花园改造成了风景公园。后来Rothe成为丹麦皇家花园的总管。Rothe还出版了《花园日记节选》（Extracts from a Garden Diary, 1828)和《丹麦风景园的评价》（《An Evaluation of Landscape Gardening in Denmark》, 1853)。

5.2 现代景观设计的发展

20世纪初，大量的私家花园出现。人们常在住宅周围辟一小块空地作花园，公寓四周也出现了庭院。与以前相比，花园的尺度变小了，与房子统一在一起的小花园带有更多的建筑化倾向。园林设计师约根森（Erik Erstad-Jørgensen, 1871~1945）是这一时期的代表人物。他既用建筑化的方式也用风景式的方式设计，其作品如Vestparken（图37a、b）、Doktorparken和Borgvold的大众公园。从1900年起，约根森开始提倡花园与建筑统一的建筑化风格。及至布兰德特（Gudmund Nyeland Brandt, 1878~1945）出现，关于花园的整体性问题被提出，其设计的Hellerup Strandpark公园(1912~1918)和在根特夫特（Gentofte）的Mariebjerg墓园（1925~1936）则成为划时代的作品。

英国的工艺美术运动以及英国景观设计师杰基尔（Gertrude Jekyll, 1843~1932）和建筑师路特恩斯（Sir Edwin Lutyens, 1869~1943）作品中植物运用和空间组合的方式，对丹麦的现代花园产生了巨大影响。那些从建筑房间的分隔方法演变来的由绿篱和成排的树分隔空间的组合，为合理使用有限的空间创造了条件，这在I.P.安德森（I.P. Andersen, 1877~1942)、约根森和布兰德特的作品中都有体现。他们三人在设计中积极探索植物形式和空间组合的关系，成为丹麦现代景观运动的先锋，其中尤以布兰德特最为杰出。

20世纪20~30年代，布兰德特已熟练使用植物来创造直线型的空间组合。P.Wad（1887~1944）、乔治森（Georg Georgsen, 1893~1976）和索伦森（Carl Theodor Sørensen, 1893~1979）也差不多在相同的时期里做过类似探索。继之，在40年代，许多园林设计师都在不断尝试用植物形成的直线、椭圆、圆、螺旋线和多边形等来组合花园空间，A.安德森（Aksel Andersen, 1903~1952)、Ingwer Ingwersen（1911~1969）和Georg Boye（1906~1972）也在一段时间里用钝角，包括五边形和六边形来设计。对这些几何形式和空间组合的探索，最终形成了丹麦景观设计的一个显著特征，索伦森是这些探索者中最杰出的一位。

1930年的斯德哥尔摩展将功能主义带到北欧，随后，景观师的设计领域有了相当的拓展，包括公园、游戏场、运动设施和家庭花园，设计尺度也比以前大了许多。景观设计师常通过政府或社会的住宅团体来参与为普通市民服务的设计。

受瑞典城市公园运动影响，哥本哈根开始规划城市的绿地系统。1936年，景观设计师和城市规划师合作起草了"大哥本哈根（Greater Copenhagen）"的绿地计划，1948年丹麦建筑师兼城市规划师拉斯姆森（Steen Eiler Rasmussen, 1898~1990）完成了著名的"指状规划"（Finger Plan）（图38），使城市沿着选定的几条轴线建设高速交通干线，并通过延长手指建新的城市地段，几条轴线之间的地区保留着楔形绿野。该计划拟建设一个综合的公园系统，通过供休闲消遣的步道，把Amager岛南北面的海岸公园和Sound区的海岸公园连起来，形成环路。经过20世纪30年代和40年代的努力，哥本哈根的外环城市绿地体系建立起来，从北面的Uttersley Mose沼泽地

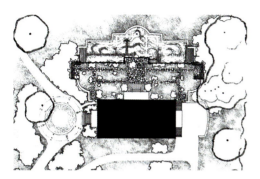

a.平面图

b.花园

图36　Bækkeskov花园
（引自Guide to Danish Landscape Architecture: 1000~2003）

a.平面图　　b.公园

图37　Vestparken公园
（引自Guide to Danish Landscape Architecture: 1000~2003）

图38　指状规划
（引自www.gardenvisit.com）

和西部旧城墙（Western Rampart）开始，经过Krogebjergparken公园、Dam husengen和Vigerslevparken公园到位于Kalvebod Strand的Valbyparken公园。至60年代初，构筑绿地系统的思想也成为丹麦其他几个城市的公园政策。

二战后，大量的城市住宅、学校、大学、训练中心、保健中心、文化设施、道路和墓园的设计任务接踵而至，众多的景观设计师参与到这些项目中，包括汉森（Sven Hansen，1910~1989）、Georg Boye、Erik Mygind、Eywin Langkilde(1919~)、J.Arevad-Jacobsen(1917~)、Jørgen Vestholt(1927~1993)、E.挪加德（Edith Nørgård，1919~1989）、O.挪加德(Ole Nørgård,1925~1978)、Agnete Muusfeldt(1918~1991)、J. Palle Schmidt(1923~)、Knud Lund-Sørensen(1930~)、Morten klint和S.I.安德松(S.I.Anderson，1927~)。这些人大都毕业于皇家美术学院建筑学院或是曾在那里学习过一段时间，他们良好的教育背景和职业精神，使设计项目具有了很高的品质。

这一时期景观设计师的工作范围也相当广泛，从住宅小花园到整个城镇的设计。E.挪加德和O.挪加德设计的Albertslund新住区和一系列大小不一的消遣空间，对此后其他城镇的设计产生了较大影响（图39a、b）。

在这大量建造的时期，丹麦传统的景观文化和设计特征得到了尊重，如在Odense大学和Federiksund医院周围都运用了绿篱和大片树林作为景观要素。

20世纪50~60年代的景观设计有一个显著的特征，即把花园和景观看作建筑的一部分或建筑的室外房间。丹麦建筑师伍重（Jørn Utzon，1918~）和尤根·博（Jørgen Bo，1919~）是这一时期的代表人物。他们通过建筑设计，优美地表达出了建筑与景观的相互渗透和相互作用。

伍重深受芬兰建筑师阿尔托和瑞典建筑师阿斯普朗德的影响，这在他处理地形和景观的关系中表现得相当明显。伍重自己的家位于丹麦西兰岛（Zealand）北面的Hellebæk（1951），房屋建在坡地低处，屋顶与林中道路标高相同，房子隐没在一个地形起伏的树

图40　伍重在西兰岛的自宅（引自open to the sky）

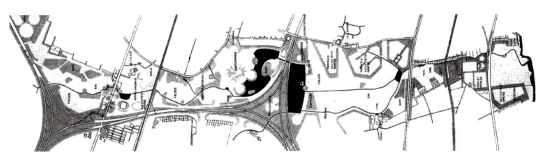

a.平面图
b.鸟瞰

图39　Albertslund新区规划
（引自Guide to Danish Landscape Architecture：1000~2003）

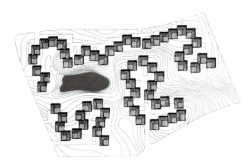

图41　Kingo Houses的链状平面布局
（引自open to the sky）

图42　路易斯安娜博物馆平面图
（引自open to the sky）

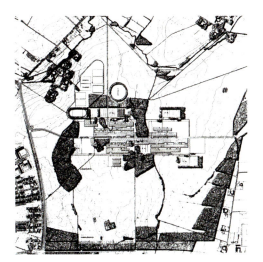

a.校园规划

b.庭院（引自open to the sky）

图43　Odense校园

(引自Guide to Danish Landscape Architecture：1000~2003)

图44　哥本哈根市政厅广场鸟瞰（引自Topos 22）

图45　哥本哈根市阿马格广场

林中（图40）。1958年伍重在Helsingör 设计了Kingo Houses，这个低层高密度住宅区是应对1960年代城市扩张的设计探索。65栋方形住宅单元的拼接布置形成了四个链状的布局，在起伏的地形上链与链间界定出5个大的公共空间（图41），光线射入的不同角度和空间界面轮廓的凹凸变化使建筑与地形、空间与景观之间产生了对话。20世纪后半叶，悉尼歌剧院（1957~1974）的成功，使伍重源于自然的景观化和雕塑化的建筑设计语言日臻完美。伍重景观化的建筑设计和强调景观的建筑布局为他在丹麦现代景观设计历史中赢得了一席之位。

尤根·博是丹麦现代景观史中另一位不能忽视的建筑师。他的才华表现在将建筑与自然融合在一起的能力，与伍重不同，尤根·博运用加法而不是减法来完成建筑与景观的优美对话和相互作用。尤根·博认为，"景观是被保护的自然或是作艺术处理的媒介"。尤根·博与布兰德特和索伦森都曾经合作过，他非常迷恋景观，这在位于丹麦Kattegat的路易斯安娜博物馆（Louisiana，1958)的设计中淋漓尽致地显示出来（图42）。尤根·博利用玻璃外墙，形成建筑内外空间的相互渗透和流动，建筑群巧妙地与地形的变化结合起来，使蓝天、绿草、雕塑和树荫融合在一起，构成一幅幅生动的场景。

20世纪60年代丹麦景观设计还受到一些建筑师，如Erik Christian Sørensen、Niels Fagerholt、Poul Kjærholm的作品和设计思想的影响[12]，尽管这些建筑师并没有做过景观设计。

从那时起，私家花园仅占丹麦景观设计任务的一小部分。与此同时，都市扩展为基础设施，如公路、桥梁以及墓园的建设创造了新的需求。60年代初，公路建设中开始考虑视觉效果。在一条名为"大H"的贯通日德兰半岛（Jutland）、菲英岛（Funen)和西兰岛（Zealand）的公路建设中，景观设计师曾为创造一个适合于丹麦的公路景观而努力，类似的项目还有位于Lyngby的高速公路（E.挪加德和O.挪加德设计，1965~1974）。

70年代石油危机后，环境和能源问题受到人们的重视。在人在哪，自然就必须到哪里的思想影响下，丹麦街道旁种的是乡土树种，一些建筑立面上爬满了攀缘植物，屋顶被绿化覆盖，十足一幅都市生态的景象。这一时期完成的重要项目有Odense校园（Jørgen Vesterholt设计，1970~1973，图43a、b）和奥尔胡斯的音乐厅（汉森设计，1979）。

90年代后，丹麦城市的公共空间，特别是哥本哈根市中心一些主要广场和步行街相继被更新重建，如市政厅广场（图44）、Strøget大街、Kongens Nytorv广场、阿马格广场（Amagertorv）（图45）、Købmagergade大街等。由于丹麦经济结构的转变，城市中一些工业用地的更新改造也成为景观设计的一个主要内容，如Vejle的城市公园（1995）。

20世纪中丹麦景观师成功地将现代主义本土化，在几代人的努力下，将充满地域特色的农业景观要素，如绿篱、小树林和齐整的林缘艺术化、几何化和空间化，创造出了以植物形成简单几何空间组合的丹麦景观设计的显著特征。但在近年来，在全球化的影响下丹麦景观设计也表现出突破传统的更多的探索，南欧的一些设计思想也影响到丹麦的设计。此外，由于城市公共项目的增加，以树篱为主要要素的风格并不适合于许多城市空间，拓展设计手法、探索新的风格也是客观必然。硬质材料——石材和金属大量出现在公共项目中。这些材料组成复杂的图案和多变的造型，在不同天气情况下产生微妙的变化。原来人们熟悉的典型的丹麦景观风格，在新的项目中已少有体现，但是，当代的丹麦景观师仍然秉承了对自然的热爱和关注、对朴素的外表和精美的细节的追求。

20世纪的丹麦景观在平和的设计中形成了简洁、清晰的手法，构筑了特点鲜明的景观，在追求社会品质与美学品质融合的过程中，成为二战后欧洲景观设计最有影响的团体之一，在这些人中，布兰德特、索伦森、S.I.安德松、S.L.安德松（Stig Lennart Andersson，1957~）、J.A.安德森（Jeppe Aagaard Andersen）是最有影响力的景观设计师。

由于语言的限制，丹麦现代景观的设计成就，如布兰德特和索伦森的作品，直至20世纪80年代以后才逐渐为国外同行所知。丹麦景观设计的特质，正如Topos杂志在评论2002年欧洲景观奖得主，丹麦景观设计师S.L.安德松时所说，"尽管当时他在整个欧洲范围内还没有多大的名气，但在某种意义上，这个奖项也表明对丹麦景观设计的认可，尤其是几十年来它通过并不引人注意的设计所演绎出的高品质的景观追求。"

丹麦皇家美术学院的建筑学院位于哥本哈根的Holmen，是世界上最为古老的学院之一，也是丹麦最重要的景观教育学院，它培养了丹麦几代著名的景观设计师。丹麦皇家兽医和农业大学（KVL/Royal Veterinary and Agricultural University）位于Frederiksberg，是培养丹麦景观设计师的另一所老学校，它下设的林业、景观和规划中心（The Centre for Forest, Landscape and Planning），研究领域包括景观规划和景观管理。奥尔胡斯建筑学院（Århus School of Architecture）成立于1965年，其下设有景观与城市规划系（Department of Landscape and Urbanism），研究方向分为都市景观和乡土景观。乡土景观侧重于丹麦的耕地景观，研究耕地景观作为农业用地、体验自然的场所以及作为自然与文化的表述的多种用途时，乡村区域和耕作景观将怎样发展。

丹麦景观设计师协会（Foreningen af Danske Landskabsarkitekter）的网站地址是www.landskabsarkitekter.dk。丹麦景观杂志"Landskab"，是丹麦景观设计师协会的会刊，由丹麦建筑出版社出版发行，学报内容涉及城镇和乡村景观的各个方面。

5.3 景观设计师

丹麦第一代景观设计师以布兰德特和索伦森为代表，他们奠定了丹麦现代景观设计的基础。第二代景观设计师以S.I.安德松为代表，因其作品在海外的建成而有较高的知名度。20世纪中期出生的丹麦新生代的景观设计师，如J.A.安德森、S.L.安德松、Birk Nielsens Tegnestue等，在他们的设计中，光与材料受到格外的关注，感官的体验与享受在设计中被强调，同时，对景观的功能和艺术性的追求也更为主动和积极。

5.3.1 布兰德特（Gudmund Nyeland Brandt，1878~1945）

20世纪前几十年，丹麦有很多将花园设计提升到艺术层面的探索。一些设计师采用自然的风格，在花园中以不规则种植的植物为背景，衬托出建筑清晰的轮廓和简明的形体，而另一些设计师采用现代主义的建筑方式。布兰德特借鉴了当时英国的设计经验，特别是英国建筑师路特恩斯的明确的空间表达，以及园林师鲁滨逊（William Robinson，1838~1935）和杰基尔对乡土植物特殊价值的强调，将自然风格与建筑化的设计要素很好地结合在一起。

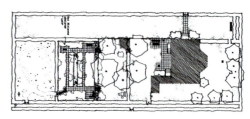

图46 Ordrup的私家花园平面图
（引自Guide to Danish Landscape Architecture：1000~2003）

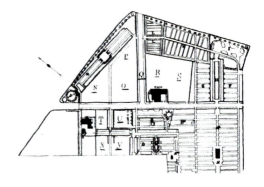

a.平面图

b.墓园中的草地路

图47 Ordrup墓园
（引自Guide to Danish Landscape Architecture：1000~2003）

他的设计常用规则式和自然式混合的形式，用精细的植物种植软化几何式的建筑和场地，初步形成了具有丹麦特色的景观设计。

布兰德特精通植物，擅用野生植物和花卉，倡导用植物进行设计，如种植野花的条形草地，用不规则树篱围成的草坪步道，在缝隙中生长出植物的石块步道等。他认为自己是一位园艺家而不是设计师。他常用绿篱来分隔空间。在植物运用中，他强调植物的标准化和结构化以及修剪植物与未修剪植物的对比，这后来成为北欧许多景观设计师常用的植物应用手法。在丹麦，布兰德特是第一个将乡村景色运用到花园设计中的景观设计师[13]，他把农民因耕作而形成的树林、草地、灌木树篱和小路等运用到设计中。

布兰德特的主要设计作品有Ordrup的私家花园（1916）（图46）、Ordrup墓园（图47a、b）、Hellerup Strand公园（1912~1916），（图48a、b）、Mariebjerg墓园（1926~1936）、哥本哈根的蒂伏里（Tvoli）公园中的喷泉花园（1943）和广播大楼屋顶花园（图49a、b）。

在Ordrup的私家花园中，布兰德特用绿篱将花园分为三部分：环绕草地和树木的住宅和平台部分、果园和台地水花园部分以及在白桦树和山毛榉树的小树林中点缀着野花的充满野趣的花园。绿篱创造了小气候，两侧的绿篱也形成了封闭的通道。美国景观设计教授Anne Whiston Spirn认为布兰德特的私家花园是对三个原型景观的抽象：农场、花园和荒野。每个景观原型都组成花园的一个小空间。离住宅最近的是一个果园，果园旁边是水园，水园边是一片小的林地。由近及远，从人工环境渐渐延伸进自然。

Mariebjerg墓园是布兰德特的杰出作品，方格形的路网将墓园分隔成40个小的方形墓地，对应着不同的墓地风格，如森林式的墓地、没有墓碑和标记的墓地、儿童墓地和家庭墓地等。一条东西向的主干道将墓园分成两大部分，道路两端的圆形和半圆形空间充满了古典意味。主次分明的路网设计使人在方形墓地附近很容易辨别方向。修剪植物与未修剪植物的对比、明确的空间分区和古典的结构体系体现了他的设计思想和方法。

在哥本哈根市中心的蒂伏里公园中，他设计了一系列并置的卵形绿地，其间点缀着32个木盆喷泉，花园中水和花以一种稳定的节奏均衡分布，充满了诗意。丹麦广播大楼花园和屋顶平台也是布兰德特的最好的作品之一。这些作品都体现了布兰德特将花园作为一种人工的艺术作品的思想。

布兰德特对丹麦的景观设计有很大的影响，他的工作室多年来成了年轻人的实习地，也正是通过这种方式，他影响了丹麦一代景观设计师，包括乔治森、索伦森、A.安德森、埃斯塔特和汉森。

在本书实例部分中收录了布兰德特的Mariebjerg墓园和蒂伏里公园的喷泉花园。

5.3.2 索伦森（Carl Theodor Sørensen，1893~1979）

索伦森1893年出生在德国的阿尔托纳（Altona），15岁开始在丹麦的日德兰半岛（Jutland）做学徒。近10年的学徒经历，使他获得了熟练的园艺技能。在丹麦，做学徒是许多同时代的建筑师、家具设计师和工业设计师成长的途径，这种训练使得丹麦的设计师具有娴熟的手艺和精良的细部处理能力，从而造就了丹麦设计的特殊品质。1922年独立开业前，索伦森曾在园林设计师约根森事务所工作，1925年起索伦森又在布兰德特事务所工作了4年。得益于在布兰德特事务所的工作，索伦森能够与那个时代最好的丹麦建筑师建立起密切的联系。1945年索伦森获得丹麦皇家艺术学院的Eckersberg奖章，这一奖项专门授予那些在纯艺术或应用美术方面取得优异成绩的人，这标志着索伦森作为一个艺术家的身份得到承认。在1940年代索伦森已是著名的景观设计师，当布兰德特从丹麦皇家美术学院的建筑学院退休时，索伦森接替了他的职位，1954年索伦森成为建筑学院教授，直到1963年退休。

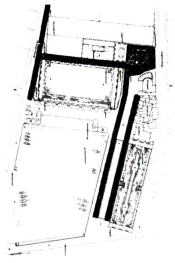

a.平面图

b.公园景色

图48　Hellerup Strand 公园
（引自Guide to Danish Landscape Architecture：1000~2003）

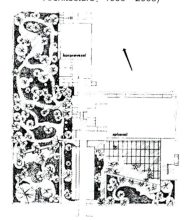

a.平面图

b.屋顶花园

图49　广播大楼屋顶花园
（引自Guide to Danish Landscape Architecture：1000~2003）

索伦森是一位出色的设计师，他的作品超过2000件，包括花园、大学校园和居住区等。索伦森的设计有强烈的丹麦地域特征，作品在形式和精神上是非常丹麦化的，其作品中再现的主题都是丹麦文化景观中的普通元素：整齐的林缘，开敞的田（草）地，灌木树篱和小片树林[14]。白令公园（Vitus Berings Park，1954）中心处的蜿蜒林缘与开敞的草地景致就是丹麦景观的缩微；奥尔胡斯大学（1931～1947）中的篱墙、小山、树林、草地、小河和池塘，展现了典型的丹麦乡村景观；Nærum家庭花园（1948）和Sonja Poll花园（1969～1979）的椭圆形绿篱与围合丹麦农舍和农家院落的绿篱同出一辙。

索伦森是一个现代主义者，但同时他还用自己独创的方法来展示对丹麦传统的尊重。他将古典花园的艺术主题转化为富有历史意义的元素，利用现代的形式和充满趣味性的诠释使之成为自己作品的一部分。他经常用不同高度的篱墙来分隔空间，用修剪的绿篱和自然生长的绿篱相互对比，从而产生微妙而迷人的反差。这些修剪的几何形篱墙源于丹麦国土上普遍使用的树篱（hedgerow）。丹麦大小岛屿众多，西风又强又冷，从第一批定居者开始，树篱几乎就成为保护土地和保障人们舒适生活的一种需要，树篱也标示出家园与空旷农业景观的界线，从而产生了丹麦花园的内向特质。因此，"树篱"成为了丹麦许多景观师作品里的中心元素。索伦森将这种非常丹麦化的要素与现代几何形结合起来，形成了他设计中惯常运用的主题。

索伦森非常着迷于几何形，他相信几何形具有美学效果，而且几何形的设计还能帮助施工者准确地完成设计师的想法。索伦森喜欢用几何原型，诸如圆、正方和螺旋，并且挖掘了椭圆形的魅力。对几何形的重复排列、简单并置、自由组合和相交关系的功能与形式探讨，贯穿在索伦森的每一个作品中。这些作品都有一个严格的几何结构，几何形塑造出充满变化的花园空间，人们必须使用空间和在空间中移

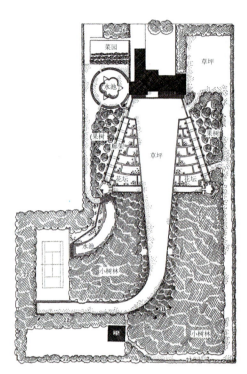

a.平面图

b.从弧形水池看花园

图50　Kampmann花园
（引自C.TH.SØRENSEN - Landscape Modernist）

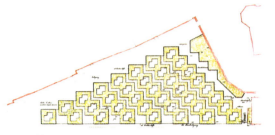

a.平面图

b.教堂广场

图51　Kalundborg教堂广场
（引自C.TH. SØRENSEN - Landscape Modernist）

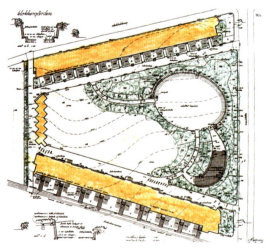

a.平面图

图52 克洛克花园
(引自C.TH.SØRENSEN - Landscape Modernist)

图53 Hvidøre Strandpark花园的廊架

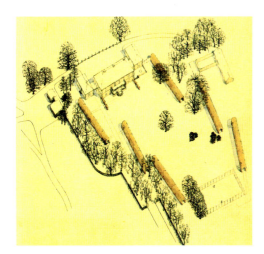

图54 Eidsvold花园中的绿廊
(引自C.TH.SØRENSEN - Landscape Modernist)

动才能很好地体验它。索伦森的作品最大的特点就是简洁，用简单的几何形为花园创造宁静的背景，同时植物的选择和种植也很简单，简单是充分利用场地的关键，也是将花园与更大范围的环境联系起来的关键。

Kampmann花园（1930）（图50a、b）是较早运用几何构图的例子。花园的平面布局是左右对称的，有精确的几何定位，索伦森在此探索了巴洛克花园的空间结构和文艺复兴花园的几何构图。两次大战之间，索伦森已经尝试使用圆、正方形、椭圆和螺旋线的自由组合，那些形式在很大程度上都是与它们的构造和功能相关的。战后的Nærum家庭花园、Kalundborg教堂广场（1952）（图51a、b）、音乐花园（Musical garden, 1945）和Sonja poll花园都是运用这一手法的典型代表。

尽管索伦森非常重视形式，但他从未忽视过对人和社会问题的关心。他认为景观设计是社会的，他的作品充分体现了对人的关怀，在使用中是相当舒适和灵活的，不会因为追求艺术就忽视了人的需求。他还有许多作品都是出于社会责任和对现实社会的思考完成的。比如索伦森对欧洲城市中涌现的大尺度的公寓和街区非常反感，认为这种没有私家花园的住宅形式特别不适合孩子们的居住。为此他创造了一些出色的游戏场，克洛克花园（Klokkergården）（图52a、b）就是影响很大的一个实例。他还为在公寓里的许多家庭设计了位于城市边缘的家庭园艺花园（Allotment Gardens），最好的实例是位于哥本哈根北部的Nærum家庭花园。

廊架（花架）是索伦森建筑化设计语言的另一个重要元素，在Hvidøre Strandpark（1929）（图53）和Kampmann花园中准确限定出空间的廊架就是最著名的例子。1959年在Eidsvold花园中索伦森第一次用植物形成绿廊（图54）。在为普通住宅设计的私家花园中，索伦森也常将一些建筑化的要素组织进设计中，如树墙和攀缘植物的攀爬架。在1960年建造的彩虹花园（rainbow garden）中，索伦森将现代建筑柱子的构造做法运用到花园的棚架设计上，并把棚架和放射形篱墙组合，与苗圃中阴凉的大厅和葡萄园的屋顶，一起构筑出迷人的景致。

像许多设计师一样，索伦森对现代绘画和雕塑有强烈的兴趣，他将景观设计看作是一种艺术形式，他非常适合去探索各种艺术运动的主题理念。

在20世纪的景观设计师中，索伦森是最多产的作者之一，他一共写了8本、编辑了2册书，还著有大量的文章，这些书和文章涉及的研究领域很广。

索伦森写的第一本书，1931年出版的《公园政策》（Park Policy）是用来指导城镇和乡村开放空间的规划，其理论在今天的丹麦仍有其意义。1939年出版的《论花园》（Om Haver）一书，收集了丹麦和瑞典的园林，特别是现代运动初期的园林，它是研究这两个国家现代园林发展的非常好的材料。1959年，索伦森出版了《园林艺术的历史》（The History of Garden Art）。在书中他将园林历史划分为4个时期，并阐述了每一时期的景观特点，显示出他对园林历史的独到见解。在1963年出版的文章《园林艺术的起源》（Origin of Garden Art）中，索伦森更深入地论述了园林的艺术性。在书中指出"园林艺术可能是最古老的艺术之一，最早的园林由围合和入口两个基本的要素组成。"他认为，古代一个家庭的女主人在自家屋外用篱笆围起的有入口的院子就是园林的原型。这样的院子最初应该是圆形或椭圆形的，因为这是围合的最基本的形式。只是后来由于耕作的需要，才发展成方形或长方形的。1966年索伦森出版了《39个花园的规划》（39 Haveplaner），书中针对一个市郊的标准地块，根据不同的主人，提出了39个不同的设计方案，每个方案都令人难忘，这些方案对后来的设计有很大的影响，书也被译成多种文字出版。

索伦森认为园林是艺术形式的一种，与绘画、音乐、雕塑和文学相近，相比于建筑受到的限制，园林艺术是自由的。"我们试图使

丹麦的景观设计 | 27

事物在技术上更完善，这多少可以理解，但让人很迷惑的是，我们还有更深的更本能的愿望以使事物更美丽。提高我们的技术是容易的，包括产品的质与量，但是，我们试图提高美时却不知所措。我们接受了美的思想，并意识到对美特别的需要。我们不满足于创造仅满足于功能的事物，它们还必须是美的，有时仅仅是美……大多数花园常常是出于这样一种目的建造的，即要成为美丽的。花园作为一个艺术的思想对许多人来说并不陌生和困惑，全世界的人所能想像的最可爱的事物就是花园——伊甸园"。索伦森的目标是创造一个能够被深入体验的场所。景观设计是空间的艺术，是引导观赏者在空间中穿越的艺术。景观应该是振奋人心的，能够让人们从机器般的住宅和办公室中解脱出来。索伦森的设计就是对空间、美和艺术的追求。

索伦森是一位受人尊敬的教师，培养了大量的学生，他们当中许多人在后来都成为丹麦和瑞典景观行业的中坚力量，其中有O．挪加德、布劳屈曼（Odd Brochman）、S．I．安德松和马汀松。索伦森在丹麦享有"景观设计之父"的声望。

尽管索伦森建成的作品和出版的著作都很多，但由于语言的缘故，生前他在斯堪的纳维亚以外的国家，甚至是在丹麦以外都不是非常有名。索伦森一生过着平静的生活，设计也始终保持着单纯的风格，他的设计和理论对斯堪的纳维亚国家有相当大的影响，并通过学生影响到欧洲其他国家。1993年为纪念索伦森诞辰100周年，丹麦皇家美术学院出版了由S.I.安德松和当时任学院系主任的赫耶（Steen Hoyer）合作的《索伦森——园林艺术家》（C.Th. Sørensen-en Havekunstner）一书（英文版C.Th.Sørensen：Landscape Modernist, 2001），使世人可以更深入地去了解他，学习他的设计艺术和精神。

在本书实例部分中收录了索伦森的奥尔胡斯大学校园、Nærum家庭花园、白令公园、Kongenhus纪念公园（Memorial Park）、赫宁（Herning）美术馆花园和Sonja Poll花园。

5.3.3 S.汉森（Sven Hansen, 1910~1989）

汉森于1930年代毕业于丹麦皇家兽医和农业大学（Royal Veterinary and Agricultural University）。在布兰德特设计Mariebjerg墓园时，汉森在布兰德特事务所工作，后来成为这个项目的负责人。秉承布兰德特与建筑师的良好合作传统，汉森的许多工程都是与建筑师合作的结果，这些项目包括北方墓园、Glostrup县医院（1952）（图55）和建筑师尤根·博的位于Hjotekær的住宅花园（1954）（图56）等。

1956年汉森和Max Brüel设计了Hillerød墓园（1956）（图57）。汉森用修剪的与未修剪的草形成鲜明的对比，用修剪的绿篱、成排的树、干砌石墙来界定空间，它的一些场景令人想起斯德哥尔摩森林墓地中的土丘和树丛。

大自然的影响在汉森的作品中表现得并不明显。他经常运用一些弧线和几何形，如Skanse墓园（1959）中椭圆形的绿篱，电视广播大楼（Tv and Radio House, 1971~1973）庭院中方形、圆形的种植池和蛇形绿篱（图58），以及新闻学院（School of Journalism）庭院中弧形的花岗石铺装图案。

1956年汉森成为奥尔胡斯建筑学院的花园艺术教授，这时他开始与奥尔胡斯的建筑师事务所合作，如Kjær, Richter和C.F.Møller。

5.3.4 S.I.安德松（Sven-Ingvar Andersson, 1927~ ）

S.I.安德松1927年出生于瑞典南部的Södre Sandby，在一个农场长大，童年生活在一个充满艺术的氛围里，母亲是一个出色的园艺师。1954年S.I.安德松毕业于Alnarp的瑞典农业大学景观设计专业，后来在Lund大学学习了艺术史和植物学。1955~1956年S.I.安德松在斯德哥尔摩的海梅林和Inger Wedborn合伙事务所工作，1957~1959年S.I.安德松在海尔辛堡开设了自己的事务所，1959~1963年成为哥本哈根皇家美术学院景观设计系系主任索伦

图55　Glostrup县医院庭院环境
（引自Guide to Danish Landscape Architecture：1000~2003）

图56　Hjotekær的住宅花园平面图
（引自open to the sky）

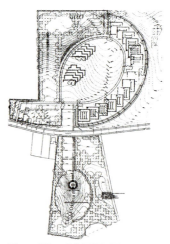

图57　Hillerød 墓园平面图
（引自Guide to Danish Landscape Architecture：1000~2003）

图58 电视广播大楼庭院中的蛇形绿篱
（引自Guide to Danish Landscape Architecture: 1000~2003）

图59 加拿大蒙特利尔国际博览会环境
（引自Festrskrift Tilegnet: Sven Ingvar Andersson）

图60 阿姆斯特丹博物馆广场

森的助教，期间受到索伦森教授的很大影响。1963~1994年S.I.安德松任该系的系主任。1963年在哥本哈根建立景观设计事务所。1987年S.I.安德松获得了丹麦皇家艺术学院的Eckersberg奖章，1988年获得了德国的斯开尔奖。S.I.安德松使丹麦的景观设计走向了世界，也使更多的人关注和了解丹麦的现代景观。

S.I.安德松设计了大量的花园、公园、广场和公共空间，作品主要在丹麦和瑞典，在其他国家的一些作品，包括维也纳的卡尔斯广场（Karlsplatz，1971~1978）、加拿大蒙特利尔国际博览会环境（1967）(图59)、巴黎德方斯新凯旋门环境（1984）和阿姆斯特丹的博物馆广场（Amsterdam's Museumplein, 1992~1993）等（图60）。

与索伦森一样，S.I.安德松的作品结合了丹麦的文化、艺术和环境特点，形式清晰简洁、接近自然。S.I.安德松将景观设计视作视觉艺术的一个门类。他认为设计最基本的问题就是确定一个空间，这种空间能被人们很好地使用，它是一个舞台，而不是一种布景。他的作品并不着眼于细致的、表面化的效果，而是利用多样的植物种类和建筑材料，通过对地形的精心塑造和对绿篱的熟练运用，创造出纯净而又丰富的空间。

尽管索伦森给了他很大的影响，但S.I.安德松很多作品中体现出的对细节和对人的感官体验的关注，却更多地显示了日本园林对他的深刻影响，这也是他和索伦森最大的不同。S.I.安德松认为，一个好的花园——任何艺术品——应该在知识和感官方面提供人们不同层次的理解和不同层面的体验。他设计的景观有一个他称之为"灵魂（soul）"的元素，一个尊重土地和人类心灵的灵魂。S.I.安德松的花园设计强调时间的变化对环境的改变以及人对这些充满诗意的变化的愉悦享受，因此，在丹麦，他获得了"将诗引入花园"的美誉。

在Lund的装饰艺术档案馆（Archive for Decorative Art）的庭院中（1963，已拆毁），细节的设计体现出类似日本园林材料运用的感觉（图61）。S.I.安德松写道，"也就是在这个尺度比较小的地方，我们能够冒险试验一下材料和形式的新的表达方式。"他自己也承认，该设计并不在于制造声音，而是为人的观看和思考提供一个安静的背景。

位于瑞典东南部的Blekinge的Ronneby Brunn Park是一个建于19世纪的公园。1987年，S.I.安德松重新设计了这个衰退的公园，使它得到复兴。在其中，他新添了两个花园：日本园（Japanese Garden，1987）和香花园（Scented Garden，1984）。日本花园（图62）是S.I.安德松在他的助手日本景观设计师Akira Mochizuki的协助下完成的，设计的初衷是要用非常少的要素创造出更多的想像空间。

图61 Lund装饰艺术档案馆庭院
（引自Festrskrift Tilegnet: Sven Ingvar Andersson）

图62 日本花园

图63 香花花园

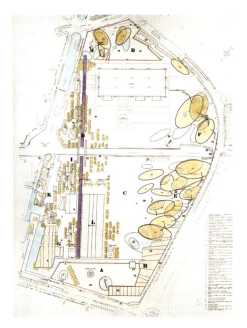

图65 拉维莱特公园竞赛方案平面图
（引自Festrskrift Tilegnet: Sven Ingvar Andersson）

a.平面图

（引自Festrskrift Tilegnet: Sven Ingvar Andersson）

b.从广场看卡尔斯教堂（陈娟 摄）

图64 卡尔斯广场

花园的设计基本上是对日本禅宗园林的模仿，包括隐喻的手法和一些植物和建筑的运用。香花花园（图63）在形式上虽没有明显的日本园林风格，但它所产生的却是冥想场所的空间感觉。这个花园突出了S.I.安德松的"花园是为人存在的，花园要被所有感官感知"的主张。人们可以坐在路边的椅凳上观花闻香，也可以踱步和漫游在爬满藤蔓的廊架下体验移动中鼻吸之香和视线穿梭的变化。这种能够被感知的花园的思想体现在S.I.安德松的许多作品之中，如2000年在哥本哈根Christicanshavn码头建成的Nordea银行新总部环境中，那些柳枝轻飘的庭院表达了对人的心灵和感官的关注。

自索伦森以来，丹麦形成了以简单几何形，特别是椭圆形构图来设计花园的传统。S.I.安德松的设计也保持着非常简单的形式，这种形式语言又与植物有着密切的关系。S.I.安德松认为设计是植物与空间的对话，植物的生长需要空间的简洁性。他与索伦森有着同样的椭圆情结。他认为椭圆是优美的形，它的张力有着特殊的吸引力。从功能角度来分析，椭圆是一种很实用的形状，非常利于便捷的活动，同时椭圆也是适合植物生长的理想形状。不过与索伦森的设计中椭圆空间往往处于一个无中心和无主次的特征不同，S.I.安德松更强调椭圆形间的主次关系，这在维也纳的卡尔斯广场和巴黎拉维莱特公园（Parc de La Villette, 1982）的竞赛方案中都有体现。

在卡尔斯广场设计（图64a、b）中，S.I.安德松将一个基本形分解，贯穿于整个场地设计中。设计布局存在一种逻辑，不同大小椭圆的重组：小的、中等的、大的、一半的、中空的被分解成一段一段的弧，每个椭圆都有不同的内容，整体呈现出一个变化的流动的形体组合。

在拉维莱特公园的竞赛方案（图65）中，椭圆根据不同的组合原则来处理。通过大小不同、方向不同、而且功能也不同的椭圆的叠加，来尝试创造一种复杂性。

S.I.安德松的作品中有不少是私家花园。1960年代建造的位于瑞典Södre Sandby 的Marna花园是他自家的花园，这里曾经是他多年的设计实验场地。设计展示了他的花园理想：向天空开放的、能够满足综合性的使用要求的、清晰界定的绿色空间。S.I.安德松创造了一种"篱墙"的景观，绿篱墙高度局部达到4m，具有墙体和隧道的效果，形成一个有感染力的结构，构成开放或幽闭的空间以及便于接近和利用的场地。他把修剪的绿篱作为受约束的形，未修剪的绿篱作为自然的形，两者形成精细的对比。精心塑造的艺术性空间，提供了能够进行多种家庭活动的场地，从野餐区域到小花圃区域等等，并且能够适应新功能的需要。

S.I.安德松的公共项目设计都有明确的空间边界，并将交通和停留的空间区分开来，场地具有良好的人流交通的导向。

位于哥本哈根市中心的Trinitatis教堂广场（1982），铺装上简单地放置了一些看上去和教堂差不多古老的石凳，成直线排列着，明示出广场人流交通的方向（图66）。顺应周围建筑转角设置的7个踏步的台阶，界定出低处的空间。

在Höganäs市政厅广场（1963）的庭院中，空间的明确界定是入口处的修剪整齐的挪威槭树树阵，每列树的树干都与庭院水池周围廊架的柱子准确对位，使具有明确边界的不同界面又发生某种对应关系。

Lund火车站前区（图67）用不连续的矮墙来界定街道与人行道，这与海尔辛堡的港口广场（1993）（图68）和哥本哈根的圣汉斯广场（Skant Hans Torv, 1995）（图69）类似。位于瑞典马尔默市中心的古斯塔夫·阿道夫斯广场（Gustav Adolfs Torg, 1997）是一个步行交通与娱乐休闲相结合的公共空间。S.I.安德松运用圆、椭圆和直线的形式，以及用喷泉、路灯、花池、矮墙等要素，将广场划分出不同的使用空间，特别是将广场中穿越与停留两种不同的区域分开，从而形成了广场特有的个性。

这些公共项目清晰地表达出都市空间设计中的视觉方法，给空间以很强的身份标识。S.I.安德松的作品显现出较强的建筑观念以及将城市规划、景观和建筑相统一的观念，这些使他赢得了国际的承认。

S.I.安德松在皇家美术学院任系主任一职达31年之久，除去众多的设计实践外，他还非常关注景观学的职业教育和发展。他曾经给出景观师在物质环境中应考虑的7个方面：结构、身份、美、自然的体验、社交接触、扩建用地和娱乐消遣。1970年代，生态概念非常强势，有人甚至认为在设计中历史文化似乎变得不再有意义了，但S.I.安德松却一直坚信：我们过去的伟大文化有它的重要性和它对专业训练的重要作用。20世纪，花园设计一直在艺术和生态学间徘徊。S.I.安德松认为，"我们的职业最本质的东西是对建筑学与生态学的组合设计……，纯粹的生态学方法在一定程度上限制了当代的花园设计，因为花园应该是各种感觉的体验"。1981年，在S.I.安德松发表的文章中，他将景观师的事务分为三个主要范畴：花园艺术，景观设计和大尺度的景观规划。比起景观设计来，景观规划可以说是更多属于生态和公共政策的一部分。他自己的实践过程也依循这种常规的发展路线，从小尺度的花园设计到大尺度的景观规划。尽管S.I.安德松很喜欢大尺度的区域规划，但实践的机会寥寥无几，这一兴趣更多地体现在他的文章中。

S.I.安德松坚持认为，花园设计是一个有着它自身身份和尊严的艺术，它不应该模仿自然，也不应该模仿其他艺术，也不要追随任何潮流，花园被设计只为了停留，它存在于这里，此时此地[15]。

正如美国景观理论家Marc Treib所说，S.I.安德松的设计始于感觉（sense），终于感受力（sensibility）。当S.I.安德松的景观拥有场所和美时，他也就基本是一位关注生活和文化的人文学者，或许更重要的是他思考景观和设计景观，不仅仅是以一个人文学者的身份，而且是以"人"的身份。

在本书实例部分中收录的S.I.安德松的作品有：Marna花园、Höganäs市政厅广场、海尔辛堡的港口广场、圣汉斯广场、古斯塔夫·阿道夫斯广场和Nordea银行新总部环境。

5.3.5 斯卡卢普（Preben Skaarup, 1946~）

斯卡卢普毕业于奥尔胡斯建筑学院景观专业，1975年成为该学院汉森教授的助教。1975~1982年和汉森一起工作，1984年独立开业。平面几何化是斯卡卢普的景观设计特征，他的主要作品有Vejle城市公园（1996~1999）、FonnesbQk 墓园(1994)（图70）、Soluret 休闲地（Recreational Areas at Soluret, 1991）、费恩（Fyn）电视中心大厦天井等（1992）。

费恩电视中心大厦留有5个方形和1个不规则形的天井，斯卡卢普设计了其中3个方形天井的环境。这些天井并没有专门用途，只是空间围合的结果而已，视觉效果是这些天井的处理重点。在设计中，斯卡卢普尝试了形式和材料的相互作用。他以格网系统为骨架，通过方形的旋转、变形和不同图形系统的叠加创造出不

图66　Trinitatis教堂广场

图67　Lund火车站前广场

图68　海尔辛堡港口广场

图69　哥本哈根圣汉斯广场

同的画面（图71a、b）。

在本书实例部分中收录了的斯卡卢普设计的Vejle城市公园。

5.3.6 J.A.安德森（Jeppe Aagaard Andersen）

景观设计师和艺术家J.A.安德森1980年毕业于丹麦皇家美术学院，是丹麦景观杂志（Landskab）的主编。1987年建立景观事务所，事务所采用分析的设计方法，从宏观的大尺度来自由诠释空间形式、自然和文化，例如Kronborg Castle（1991）的改造设计。2000年J.A.安德森获得欧洲Nostra遗产奖（Europa Nostra Heritage Award）。

J.A.安德森的第一个设计是哥本哈根Amalienborg皇宫（Royal Palaces）前面港口区的更新改造（图72）。此后，他很快在建筑界赢得了声誉并参与了许多重要的大型项目，如挪威Hurum国际空港的竞赛（1989）。J.A.安德森的设计范围相当广泛，从私人花园、居住区到公建环境、市政厅广场、工业建筑和宾馆环境景观、公园以及博物馆和教堂、城堡的环境改造等。近年完成的作品主要有赫宁市政厅广场（1996）、哥本哈根的老码头（Gammel Dok）广场（1998）、瑞典马尔默(Malmö)Bo01小区的的滨海步行道（Sundspromenade，2001）等。

J.A.安德森认为，丹麦景观设计的一个最大特点是将功能与美学结合的自由设计。花园的功能化与简洁风格的结合，使花园设计走进了艺术。丹麦花园空间给人一种永久的感觉，植物运用也独立于欧洲的风格和时尚之外。

在本书实例部分中收录了J.A.安德森设计的赫宁市政厅广场、马尔默的滨海步行道和哥本哈根的老码头广场。

5.3.7 S.L.安德松（Stig Lennart Andersson，1957~）

S.L.安德松1986年毕业于丹麦皇家美术学院建筑学院，1986~1989年在日本东京工学院（Institute of Technology）作研究学者，1991年在哥本哈根成立了都市与景观设计事务所（SLA），2002年荣获欧洲景观奖（European Landscape Award）。

S.L.安德松的设计范围很广泛，从花园设计、城市广场、公园设计、居住区规划到区域规划，作品多次获得国内外大奖。在丹麦已建成的主要作品有：Ladegaardsparken 住宅区的更新（Holbaek，1996）、Hillerød图书馆和科学园（2001）、哥本哈根蒂伏里（Tivoli）公园中的哥伦比纳（Columbine）花园（2001）、Glostrup市政厅公园（Glostrup Town Hall Park）（2000）、瑞典马尔默Bo01住宅区的铁锚公园（Ankarparken）（2001）、哥本哈根附近的Frederiksberg新城市中心（2005）、Frederikssund港口广场（2002）、哥本哈根Assistens墓园（Assistens Cemetery，2002~2004）（图73）、哥本哈根的Charlottehaven（2004）和奥尔堡（Ålborg）的Nørresundby Byhave（2005）等。

S.L.安德松的设计灵感来自斯堪的纳维亚及日本设计传统中最佳要素的组合，这种组合也形成了他的设计基础。通过观察和模仿自然，S.L.安德松在将自然引入城市空间的过程中，获得了将植物作为景观设计的必要语汇的方法。S.L.安德松还将文字、照片、诗意的草图结合起来，形成一种备忘录似的，但又相当准确和富有创造力的设计表达。借助对符号元素的分析，他关注景观中那些不可见的力量，如气候和历史，努力尝试通过景观细节的刻化来捕捉不同场景下它们相互作用所创造的可变景观。

S.L.安德松非常重视景观的创作程序，他主张景观专业的跨学科合作，强调在人的空间体验中，物理、地理、气候及各种资源的相互作用。他认为"没有民主的程序，设计也不会民主，然而一个真正的民主程序要求一些决策者的责任感和专家对程序的明晓（know~how）"[16]。他还指出，在当代城市公共空间设计中，道德伦理、知识的传递和美

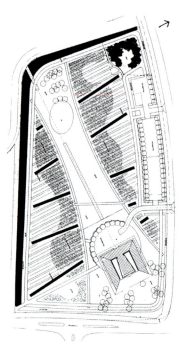

图70 FonnesbQk 墓园平面图
（引自Guide to Danish Landscape Architecture：1000~2003）

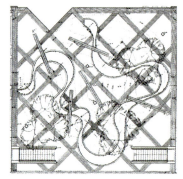

a.平面图

b.天井环境

图71 费恩电视中心大厦天井
（引自景观大师作品集①）

图72 Amalienborg皇宫前港口区

图73 Assistens墓园
(引自Guide to Danish Landscape Architecture: 1000~2003)

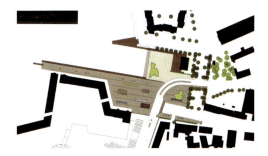

a.平面图

b.花池细部
图74 Frederikssund港口广场(引自Topos40)

都是需要考虑的方面。

布兰德特曾说"材料令人产生联想"，S.L.安德松也认为材料可以激起人们的感官享受和想像。2001年为纪念哑剧演员哥伦比纳（Columbine）诞辰150周年，S.L.安德松设计了位于哥本哈根蒂伏里（Tivoli）公园的只有500m²的哥伦比纳花园。设计师通过花色、花香与灯光的变化激起人们的感官享受与想像。

S.L.安德松在哥本哈根附近完成了许多改造工程，如Frederikssund港口广场（Frederikssund Harbor Square，2002年建成）、Hillerød 图书馆和科学园。Frederikssund港口曾是皇家装卸建筑材料的码头，后来成为工业港口。1998年工业港口关闭后，这里计划被改建成一个公众开放区，其中部分空间将开放成新的住宅区。广场面积3000m²，位于待开发区域的中心。广场设计既要彰显历史，也要满足公众聚会的需要（图74a，b）。广场上花岗岩、沥青、混凝土、木材和铸铁材料的运用令人回想起港口的过去。花池种植海边常见的蔓藤植物、三叶草和景天，种植土上覆盖一层牡蛎壳。

Hillerød 图书馆和科学园（Hillerød Library and Science Park，2001）是对已关闭多年的屠宰厂用房的改造。那些遗弃的厂房逐渐被改造，形成了一个文化中心和人们聚会的室外空间。其设计理念是要在建筑的室内与室外之间创造一个过渡空间（图75），这个空间既是花园也是广场。基地内有一定的高差，设计师把它当作向南抬高的平地处理，毛石堆砌的石笼墙界定出广场的西边边界。石墙内侧是一些长方形的花池和水池。五个椭圆形的花池占据了东边的空间，花池基面微微抬高，椭圆与有微小斜坡的地面相交形成特别的动感效果（图76）。

S.L.安德松的作品融汇功能、艺术与科学，他在景观规划中注重尽量减少对环境的破坏，并通过缜密的设计来最大限度地恢复和补偿因各种开发而使基地失去的特征。2001年开始实施的Langagergård景观规划（图77），占地120hm²，用地内散布着一些小的群落生境。当地居民希望此地的开发能以自然和开放的方式向乡村延伸，同时满足人口增长下的新建住宅的要求。S.L.安德松在规划方案中将为数不多的几个岛形的居住组团插入环境中，如同村庄被湖泊、河流和树丛所环绕。建设中采取最少量的基础设施建造和生态的建设方法，作为对被住宅侵占的大片自然土地的补偿，也为住宅开发创造了有吸引力的环境。

在本书实例部分中收录了S.L.安德松的Glostrup市政厅公园、瑞典马尔默Bo01住宅区的铁锚公园、哥伦比纳花园和Frederiksberg新城市中心。

此外，丹麦新生代景观设计师还有Birk Nielsens Tegnestue，他完成了许多城市街道的改造设计，如奥尔堡（Aalborg）市中心（1998）

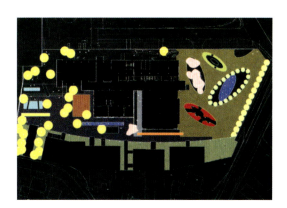

图75 Hillerød 图书馆和科学园平面图
(引自Topos40)

图76 椭圆花池与地面斜坡相交形成的动感
(引自Topos40)

丹麦的景观设计 | 33

（图78）、Thisted市中心（2000）的街道改造（图79）和奥尔胡斯市中心的Aaboulevard 和Immervad Street街道的更新改造。

5.4 理论研究

扬·盖尔（Jan Gehl，1936~）是国际著名的城市设计学者。他1960年毕业于丹麦皇家美术学院建筑学院，现为该学院城市设计系教授。他是人性化城市设计思想的积极倡导者，著述颇丰，在国际城市设计界具有广泛的影响。目前，中译本有《交往与空间》、《新城市空间》和《公共空间·公众生活——哥本哈根1996》。《交往与空间》着重从人及其活动对物质环境的要求来研究和评价城市和居住区中公共空间的质量，呼吁设计师关心在室外空间活动的人们，并充分理解与公共空间中的交往活动密切相关的环境品质，该书被公认为有关城市设计的学术名著。《新城市空间》和《公共空间·公众生活——哥本哈根1996》是扬·盖尔及其合作者吉姆松（Lars Gemzøe）在对哥本哈根和世界各地的城市设计案例进行长期而广泛深入的调查研究的基础上完成的。书中对大量的设计实例作了科学和详尽的分析与评价，提出了极具价值的设计理念。

Malene Hauxner（1942~）1970年毕业于丹麦皇家美术学院，现为哥本哈根皇家农业大学的景观学教授，研究方向为美学与花园艺术。她对丹麦现代主义的景观研究推动了世人对丹麦景观的更多了解。她的著作《Open to the Sky》（英文版，2003），从美学语言角度探讨了1950~1970年间现代主义建筑师和景观师在景观空间中使用的重要语汇。

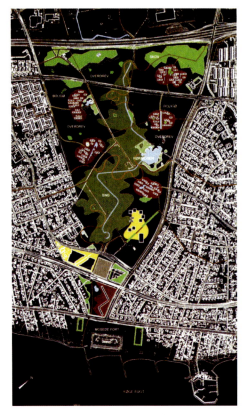

图77 Langagergård景观规划（引自Topos40）

图78 奥尔堡市中心
（引自www.birknielsen.dk）

图79 Thisted市中心街道改造局部
(www.birknielsen.dk)

6 芬兰的景观设计

芬兰面积为33.8万km²，人口512万。芬兰位于欧洲北部，北面与挪威接壤，西北与瑞典为邻，东面是俄罗斯，地势北高南低。国土的69%被森林覆盖，森林覆盖率居世界第二位，树种以云杉林、松树林和白桦林居多，茂密的丛林中到处是鲜花和浆果。远古的冰川在芬兰留下了星罗棋布的湖泊，有18万之多，约占国土面积的10%。这些自然条件造就了芬兰特有的森林和湖泊风景，这一景观也是众多芬兰设计师灵感的源泉。

芬兰是斯堪的纳维亚地区最迟进入现代化阶段的国家。与瑞典和丹麦相比，芬兰设计，无论是建筑设计还是产品设计，受传统的束缚和影响相对较少，因而容易接纳外面流行的风格，如现代主义、波普艺术等。瑞典和丹麦对芬兰现代景观的发展都产生过重要影响。

6.1 园林的发展

由于人口分散、经济不发达和气候寒冷，园艺在芬兰的传播速度很慢。中世纪时，其他国家修道院花园中常见的药用植物和草本植物在这里没有应用。芬兰中世纪的花园主要是菜园，成排的阔叶树构成了菜园的格网骨架，果树、无核小水果（如草莓）和蔬菜种在格网中。

18世纪时庄园主把风景园引入芬兰，因为经济原因，园林都不大，园中有蜿蜒的小路，还经常借用毗邻的自然水面来获得倒影效果。芬兰拥有众多的湖泊河川，因此水成为园林的重要组成要素，如位于Lohja附近的Mustio和Fagervik。Mustio最初是由Gottfried Harzell设计的巴洛克园林（1787），19世纪末庄园主人Fridolf Linder将其改为风景园。Fagervik（1760~1773）是芬兰最重要的花园之一（图80），由Johan Hisinger设计，其独特的新哥特式（neo-gothic）橘宫（约1768）保留至今。这一时期其他著名的浪漫主义园林还有：在维堡（Viipuri）附近的Monrepos（1812，图81）、Hameenlinna附近的Aulanko（1883）以及位于艾斯堡（Espoo）的Traskanda（1820~1840年代）。

6.2 现代景观设计的发展

19世纪芬兰为建立自己的民族景观而努力。1820年代，芬兰人开始了对民族景观的最初认知，独特的自然景观——水、森林和起伏的地形成为芬兰乡土艺术和现代设计灵感的来源。芬兰人对代表本民族的湖泊景观的定位既提升了本国基础较弱的浪漫主义园林传统，也塑造了具有芬兰特色的、区别于其他国家的景观。最好的湖泊风景的实例是Punkaharju（图82），在1842年成为芬兰第一个受法律保护的自然景观。

19世纪末20世纪初，芬兰经历了伟大的"民族浪漫主义"运动。建筑师伊利尔·沙里宁（Eliel Saarinen，1873~1950，也称老沙里宁，后来移居美国）是这场运动的领导人之一，他奠定了芬兰现代设计的基础并确立了塑造民族特色的传统。他的建筑和家具设计注重功能、装饰与人情味的完美结合。位于赫尔辛基的芬兰国家博物馆（1910）和赫尔辛基火车站（1904），体现了民族浪漫主义与20世纪初现代运动的结合。老沙里宁在城市规划上也有突出贡献，他提出的"有机疏散"理论(Organic Decentralization)对现代城市规划有重要影响。1918年老沙里宁为赫尔辛基所作的规划至今仍是赫尔辛基城市发展的依据。

图81　Monrepos花园（引自myy.helia.fi）

图80　Fagervik花园（Peter Julin摄）

1938年，芬兰在拉普兰（Lapland）地区建立了第一批国家公园，这是提升芬兰民族景观地位的重要举措。近年来，那些有艺术性或历史意义的自然和农业景观，也被认为是值得尊敬和保护的"民族景观"。

20世纪20年代后期，功能主义传入芬兰，园艺也开始变得繁荣。在草坪边缘栽植自由成组的植物，成为当时花园的一个重要特点。同时，花园设计不仅注意保留基地中原有的树木，也开始引进许多外国树种，如花旗松、瑞士五叶松和银柳。花园中的小路和家庭游泳池的边缘常用石材，凉亭上爬满了五叶地锦，室外常有壁炉，这些成为这一时期花园的流行特征。

对大多数芬兰人来说，花园是一个简单且快乐的室外空间，凳子和桌子是必需的，它们常成组布置围绕在烧烤台的周围，还有小的游泳池、健身设施和沙坑。芬兰花园中常用大量多年生植物，如羽扇豆、黄花菜和毛蕊花，装饰性植物通常用得很少。

景观设计在芬兰是相当年轻的职业，但它取得的成绩却可以与其他设计学科相提并论。芬兰人最引以为豪的现代主义建筑大师阿尔托（Alvar Aalto，1898~1976）在现代建筑设计、家具设计和景观设计中都有世界性的影响。芬兰众多的湖泊岸线，给了他波浪式有机曲线的启迪，也暗合当时现代艺术的新潮流。从Savoy玻璃花瓶、建筑的雨棚、建筑的曲面墙体、吊顶，以及玛丽娅别墅（Villa Mairea，1938）的肾形游泳池，都体现出芬兰的自然景观和超现实主义艺术对阿尔托的重要影响。同时他的建筑与环境相互融合的设计理念既形成了北欧建筑的特质，也影响了后来的许多建筑师和景观师，如丹麦建筑师伍重。

二战后芬兰景观设计获得了较大的发展。1950年代赫尔辛基附近的塔皮奥拉（Tapiola）的规划（图83）和建设对促进芬兰景观设计的发展和设计师的成长有重要意义，它在芬兰开创了景观设计师参加城市规划和设计的先例。此前，芬兰的花园设计师和景观设计师并没有参加这种规划的经验，于是，出生于芬兰，但一直在瑞典工作（图84）的设计师奥兰多（Nils Orénto，1922~）被邀请参加塔皮奥拉的规划小组（建筑师有Aarne Ervi、Viljo Revell等）。奥兰多把瑞典式的开放空间种植设计带到了芬兰。

奥兰多踏勘基地后，在草图上标出了基地中要保留的自然区域、林地、孤植树、岩石和防御工事，然后将这些信息提供给建筑师，辅助他们的设计。他还草拟了庭院区和游戏场的自然保护计划，包括建筑群的位置和建筑的大致高度。在塔皮奥拉的规划中，奥兰多保留了基地上原有的植物，并在开敞地插入了大面积的新的种植。他借鉴瑞典的经验，栽植大片的纯林，通过植物来表现显著的季相变化。

1955年奥兰多返回瑞典，年轻的景观设计师扬内斯（Jussi Jännes，1922~1967）接替他的工作，成为塔皮奥拉规划小组的重要成员。二战后芬兰重要的景观设计师还有Maj-Lis Rosenbröijer（1926~2003）、Katri Luostarinen和Onni Savonlahti等人，在20世纪50~60年代，他们完成了很多公园方案。Katri Luostarinen早期的作品以对传统农庄的研究为基础，她设计的作品很多，最北可达到北极圈。Maj-Lis Rosenbröijer喜欢设计私人花园，并发展了个人形式，运用木构物和姿态优美的植物，为家庭生活和休息娱乐创造简单而丰富的活动场所。

图83 塔皮奥拉中心鸟瞰
（引自The Landscape of Man）

图84 奥兰多设计的斯德哥尔摩Sabbatsberg医院入口广场（引自The Architecture of Landscape：1940~1960）

图82 Punkaharju的湖泊风景
（引自Landscape architecture in Scandinavia.Edition Topos）

20世纪90年代以来，景观的保护和维护成为芬兰的热点问题。从90年代初开始，一些具有历史意义的公园和花园得到很好的保护和恢复。赫尔辛基市中心最古老、最有名的Kaivopuisto公园（图85）和滨海大道公园(Esplanade Park，19世纪初建立)的恢复，表明了老公园经过更新可以适应现代生活的要求。8000m²的Kamppi广场（1998年）是赫尔辛基市中心最重要的一个广场，很多年以来它一直作为停车场使用，在地下停车场建成后，广场恢复了活力。景观设计师Ulla-Kirsti Junttila用一道花岗石矮墙分离了街道和广场，而广场四周的大部分街道并没有改变，广场上的台阶和矮墙的材料采用赫尔辛基常用的红黑花岗石，瑞典艺术家Ernst Billgren的艺术品成为广场的标志（图86）。与此同时，对农业景观的保护也成为芬兰景观的一个重要主题。1996～1998年，景观师、规划师和建筑师一起为芬兰南部Hämeenkyrö农业景观的保护做了规划（图87）。

1990年代，随着移民的增加和可持续法规的建立，带来了重新评价都市结构和发展方向的需求。从那时起，四个大型的新区建设项目Pikku Huopalahti、Viikki、Ruoholathi、Arabianranta在赫尔辛基市周边展开，构建成大赫尔辛基都市区。这些新区发展了一种密集型、充满凝聚力和生态城市模式。如Arabianranta、Ruoholathi Channel、Viikki科技园以及一些生态住区项目。

在四个大型的新区规划和建设中，Viikki和Arabianranta是其中最有代表性的项目。

20世纪末开始建造的Viikki新区（图88）位于赫尔辛基东北面，离市中心8km，是在自然资源丰富的农业区中开发建设的城市新区，规划面积1132hm²，包括科学园区和居民区。Viikki的目标是成为拥有高科技研究和培训机构、城市住宅并能提供精彩的户外生活的城市新区。科学园是新城区的中心，由大学校园、商业孵化器、购物中心、社区、公共建筑和公园组成（图89）。到2010年项目全部竣工时，居住人口将达到13000人，并提供6000个工作机会和6000名学生学习。Viikki新区中最大的Latokarto住区，是一处实验性的生态邻里社区。

Viikki新区中有大约800hm²的绿色区域，由森林、田地、公园、娱乐区和保护区组成，是赫尔辛基的"绿肺"之一。建筑用地限定在周边的高密度建设区内，留出中心完整的绿色区域。绿色区域的设计侧重保持农业和场地景观的特征，强调混交树林，沿用传统农田的直线道路安排休闲线。该区域有大量受保护的历史花园区域，开敞的草地都有综合的功能，如乡土公园可作为青少年的活动场地，中心花园可作为运动公园。

雨水的利用和生物多样性是Viikki环境建设的重要特征。它通过恢复溪流和湿地区域来进行雨洪管理，并种植生长良好的乡土植物，确保生物的多样性。区域内保留的小块菜畦种植了不同的农产品，这与区域环境连为一体。模仿自然溪流的Viikinoja运河（图90），

图85　Kaivopuisto公园
　　（引自community.webshots.com）

图86　Kamppi广场的装置艺术品

图87　受保护的Hämeenkyrö农业景观
　　（引自Topos27）

图88　Viikki新区规划图（引自www.hel.fi）

图89　科学园区的街道

图90　Viikinoja运河（引自www.hel.fi）

有收集雨水的功能，穿过乡土公园，流入Vanhankaupunginlahti湾自然保护区。

Arabianranta新区（图91）位于赫尔辛基市区东北面，与Viikki新区相距不远。Arabianranta新区是由工业废弃地进行更新改造而建成的，到2010年竣工时，居住人口将达到12000人，提供8000个工作机会和6000名学生学习。Arabian是1874年建成的瓷器厂的名字，1986年工厂关闭。废弃厂房经改造后成为赫尔辛基工业艺术大学（University of Industrial Art）的校舍。Arabianranta新区规划的目标是要把该区发展成波罗的海区域重要的设计和艺术中心，把新住宅区和滨水公园整合成一个结构可变的景观，并以此作为城市发展的理念。由景观设计师Gretel Hemgård设计的Arabianranta新区滨水公园也称Arabian Beach，曾是受污染的土地和垃圾场，占地45hm²，它把赫尔辛基东面和东北面的各种休闲娱乐区连接起来。设计师通过将公园与城市中现有的小块和零散空间的综合，形成了多结构的景观整体。新区的中轴公园（图92）是用瓷片做的雕塑，引导人们从设计中心走向滨水公园。这条长长的轴线，也象征了芬兰高品质瓷器设计的悠久历史。

与北欧其他国家相同，1990年代基础设施建设对美学的追求，把芬兰景观设计师带入公路和桥梁的建设中，赫尔辛基附近高速公路隔声屏障的设计也显示了景观设计师与艺术家的这种努力。在Viikki新区科学园西北边，是一条芬兰最繁忙的高速公路，为减少外部交通噪声对公园的影响，1999年建成了一堵长170m，厚1~1.5m，高2.5~3m的吸声减噪屏障（图93）。隔声屏障用附近采石场遗弃的石块砌成，在公路一侧，墙面平整，给人以统一的效果，而在公园一侧，石墙面处理成随意的凹凸，与公园的自然和静谧之美相协调。

另一条隔声石墙位于从赫尔辛基到艾斯堡（Espoo）的高速公路上。芬兰艺术家Hannu Siren设计了一组200m长、7m高的岩石隔声屏障（图94），如同一件大地艺术作品，展示光与影在白天和夜晚的变化。岩石隔声屏障的多样性为过往司机提供了一个变化的视觉体验，入夜的灯光强调了火成岩的雕塑般的结构和形态。

20世纪芬兰的景观设计显示出芬兰人对自然的追求，这种态度是出于他们对自然的审美或是神秘主义，而非流行的生态目的。在芬兰的景观设计中，空间常通过多个中心而不是精确的边界来限定的[17]，这种形式有利于形成流动空间并借景园外。与建筑和产品设计一样，芬兰的景观设计也非常关注细节的处理。在晚霞瑰丽的夏日傍晚，花园中的人们可以举目眺望远处的林冠线，也可以低头凝视花园前景的细节部分。

赫尔辛基理工大学（TKK/Helsinki University of Technology）是芬兰景观教育的主要院校，在建筑系中设有建筑学和景观学学位。景观学教育包括景观规划、景观设计和景观管理方向。1990年代初，芬兰大约有70名景观设计师，到90年代末景观设计师已超过100人。90年代以后，芬兰景观设计师在城市发展中发挥着重要作用。芬兰景观师协会（The Finnish Association of Landscape Architects）成立于1997年，协会网站是www.m-ark.fi。

6.3 景观设计师

6.3.1 阿尔托（Alvar Aalto，1898~1976）

阿尔托是芬兰著名的建筑师、家具设计师

图91 Arabianranta新区规划
（引自Topos19）

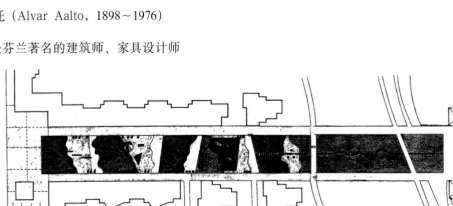

图92 Arabianranta新区中轴公园平面图
（引自Topos19）

图93 Viikki新区科学园西北高速公路的吸声减噪墙
（引自Topos36）

图94 强调光与影变化的岩石隔音墙
（引自Landscape architecture in Scandinavia. Edition Topos）

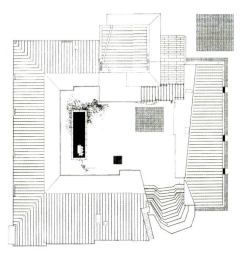

a.平面图 （引自open to the sky）

b.庭院的台阶
图95 珊纳特赛罗镇中心庭院

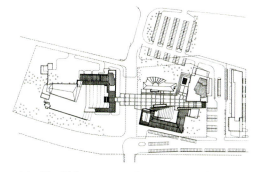

a.平面图 （引自Alvar Aalto（Richard Weston）

b.庭院的台阶
图96 赛那尤基市政厅庭院的台阶

图97 阿尔托设计的夏季别墅的墙面

和艺术家，他对景观设计也作出了重大贡献。他从自然和乡土景观中获得设计的灵感，把建筑、庭院与自然融合起来，成为北欧设计的典范。阿尔托认为，在建筑与环境的关系中具有内外两面性：建筑向内，是指建筑与花园的关系；建筑向外，指建筑与街道的分隔[2]。他认为一个家真正的外墙是花园的院墙。他主张在向内关系即建筑与花园间，要有开放式的接触，包括房间布局与花园的关系；而在处理建筑（或是花园）与街道的向外关系上，其空间的对比性要远远大于建筑和花园的向内关系。

阿尔托常用L形的建筑布局来围合庭院，通过一面或两面的开敞形成对环境的包容和接纳关系。在建筑与环境的过渡上，阿尔托常运用多边形的台阶或堤状的草坡，形成建筑与环境的对话和建筑向自然的延伸。如玛丽娅别墅（1937～1939）花园的堤状的草坡、赫尔辛基理工大学（TKK）主楼前的草坡和台阶（1955～1964）、珊纳特赛罗（Säynätsalo，1949～1952）镇中心庭院(图95a、b)、赛那尤基（Seinäjoki）市政厅（1961～1965）庭院的台阶(图96a、b)，以及阿尔托工作室（1955～1956）庭院中的室外剧场。

阿尔托在Muuratsalo的夏季别墅（1953），也称实验住宅，用不同质感和色彩的砖拼贴出的具有雕塑感和构成效果的墙面(图97)，启发了许多斯堪的纳维亚景观设计师。20世纪30年代，美国景观设计师托马斯·丘奇（Thomas Church，1902～1978）拜访阿尔托时，阿尔托刚刚完成了玛丽娅别墅的设计。方案中使用了曲线的轮廓，肾形游泳池，木材和石材的外墙装修和地面铺装。虽然这个作品当时还未建造，但阿尔托的设计语言给了丘奇很大启发，这在丘奇后来的一些作品中表现得非常明显，如著名的唐纳花园（Donnel Garden，1948）。

在本书实例部分中收录了阿尔托的玛丽娅别墅花园、赫尔辛基理工大学（TKK）主楼前的校园环境和阿尔托工作室的庭院。

6.3.2 扬内斯（Jussi Jännes，1922~1967）

扬内斯1948年毕业于芬兰Lepaa园艺学校，之后在瑞典和丹麦皇家美术学院学习，曾任芬兰景观设计师协会主席多年。扬内斯是芬兰一位非常有灵感的景观设计师，他继承并发扬了芬兰景观设计与自然亲密接触的传统。扬内斯的设计专注于优雅和精确，代表了波罗的海花园设计学派的冷静、清晰和节制。

1955年接替奥兰多（Orénto）的工作后，他在建筑师Ervi的事务所工作，然后创办了自己的设计事务所。他几乎和每一位参与塔皮奥拉（Tapiola）项目的建筑师都合作过。扬内斯在塔皮奥拉大大小小的绿地和花园的设计工作一直持续了10年，设计了当地的大部分开放空间（图98），包括公园、公共建筑的绿地和住宅花园等。

扬内斯在设计中擅用对比；如高大的乔木与大面积的草本和多年生植物来构成竖向和水平方向的对比；紫杉篱与色彩鲜艳的花卉的对比，光滑的混凝土板与粗糙的花岗岩砾石的对比；暖色的木表面与冷色的水面的对比；硬质铺装与软质植物的质感对比等。

扬内斯认为，在景观设计中空间非常重要。同丹麦景观设计师一样，他也把种植当作一种建筑化的要素来塑造空间（图99），经常在住宅入口或个体花园中种植同一种树，以形成类似墙的界面。在一户挨一户的私家花园中，扬内斯也仅用篱墙或种植来分隔不同的用地。

扬内斯非常讲究植物的种植方式，惯用单元形式来种植。如果很多种植物要种在一起，他会用草地或墙来隔开不同类的植物，让它们以单元（组）的形式出现。扬内斯的空间渗透理念是通过树干实现的。他把并置的树干看作是通透的墙，用来形成庭院与街道之间的灰空间。他常以组的形式来种树，把2~3棵小树种在一起，待树长大后，紧挨的树干会变成非常有趣的透空的墙。例如在Silkkinitty北边按格网种植的银柳树阵，从Aarnivalkeantie路望去，透过中景的银柳树干和树冠可以看到明亮的旷野。在尺度小一点的Ostonpes，扬内斯在街道和庭院之间列植姿态优美的槭树，槭树树干在公共空间与私人空间之间形成了一道通透的墙。

扬内斯继续了奥兰多在规划中强调植物季相变化的主张和种植方式。除此之外，他喜欢充满异国情调的树，如胡桃树和红花槭等。在塔皮奥拉，扬内斯很少用修剪的绿篱，但大量运用了攀缘植物。扬内斯对植物的运用方式和他的种植设计形式语言，与巴西景观设计师布雷·马克斯（Roberto Burle Marx，1909~1992）有一些共同之处。此外，他在塔皮奥拉的10年工作所形成的几何化和建筑化的形式语言，也体现出他的老师索伦森的影响。还有，在扬内斯设计的花园中，常出现树干与投在白墙上的树影所构成的优美画面，从这种手法中又显示了美国设计师托马斯·丘奇对他的影响。

传统经济产业结构的不同，使得芬兰人比瑞典人和丹麦人更多地依赖自然，芬兰的景观设计更多体现的是对自然的从属和修复。扬内斯在塔皮奥拉开放空间中栽植外来彩叶植物的方式，在丹麦和瑞典的城市公园、私家花园中常会看到，在芬兰却很少见。所以在20世纪50~60年代，一些景观设计师曾极力反对过扬内斯对外来植物的运用[19]。不过在芬兰景观设计的发展中，扬内斯仍然是一位非常重要的人物。虽然塔皮奥拉的大公园形式是在早期规划中定下的，但对开放空间的大胆开发和强调应属扬内斯的功劳。

6.4 理论研究

老沙里宁（Eliel Saarinen，1873~1950）1897年毕业于赫尔辛基理工大学建筑系，他是分散大城市的积极倡导者，其著名的"有机疏散"理论(Organic Decentralization)的思想最早出现在1913年的爱沙尼亚的大塔林市和1918年的芬兰大赫尔辛基规划方案中，而整个理论体系及原理集中在他的巨著《城市：它的发展、衰败与未来》（The City：Its Growth，Its Decay，Its Future，1943）中。"有机疏散"理论把城市规划视为与城市发展相伴相随的过程，主张应该从重组城市功能入手，通过逐步实施"有机疏散"来消解城市的矛盾，这一理论对北欧国家战后新城建设起到了重要的指导作用。

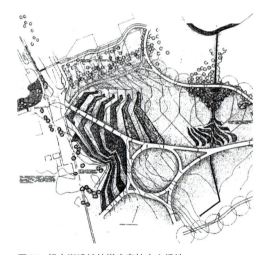

图98 扬内斯设计的塔皮奥拉中心绿地
(引自Landscape design in Tapiola.Heroism and the everyday - building Finland in the 1950s)

图99 塔皮奥拉购物中心，高起的种植池明确限定出台阶两侧的空间

7 挪威的景观设计

挪威面积约为38万km²（包括斯瓦尔巴群岛、扬马延岛等属地），人口约452万。挪威位于斯堪的纳维亚半岛的西部，东邻瑞典，东北与芬兰和俄罗斯接壤，南同丹麦隔海相望，西濒挪威海。海岸线长2.1万km（包括峡湾），多天然良港。挪威是欧洲山脉最多的国家之一，国土面积一半以上都是海拔高于500m的山地，高原、山地、冰川约占国土面积的75%，斯堪的纳维亚山脉基本以南北走向纵贯全境。森林覆盖面积占27%，耕地仅占3.2%。

因沿海受北大西洋暖流影响，挪威相对于同纬度其他地区气候要温和一些，大部分海面冬季不结冰。沿海和南部地区属温带阔叶林植被带，内陆海拔较高的地区温差较大，冬季寒冷，南部丘陵、湖泊、沼泽广布，峡谷和急流瀑布成为挪威的天然景观。

7.1 园林的发展

挪威园艺的起源可以追溯到中世纪，12~13世纪修道院的修士（女）们把园艺引进挪威，在Hardanger和Sogn的峡湾区有不少种植园。在中世纪晚期，经济和文化发展的不景气，导致了园艺发展的停滞。

16世纪中期，卑尔根（Bergen）第一位马丁路德派主教将文艺复兴花园引入了挪威，一个技艺熟练的佛兰德斯（Flemish）园艺师为主教设计了花园，该花园一度是挪威最美丽的花园之一，同时也成为许多花园的蓝本。因此文艺复兴花园最终是以佛兰德斯风格被引入挪威的，位于Hardanger的Rosendal Barony(1660~1670)花园是其代表（图100），它也是北欧现存的为数不多的文艺复兴花园之一。花园呈方形，大约50m×60m。花园中最珍贵的是月季花坛，设计体现出早期荷兰花园的强烈影响。挪威与德国西北部和芬兰的商业及文化联系，加强了佛兰德斯风格的影响，直到18世纪末，佛兰德斯风格在挪威南部和西海岸地区一直是花园设计的主导风格。

1725年后，在挪威的东南部建造了许多有代表性的规则式花园，如奥斯陆（Oslo）的Linderud和Halden的Rød。花园通常都有控制轴线、规则式的台地和倒影池。这个时期来自法国巴洛克花园的某些影响也是显著的，不过在挪威，没有哪位富有的、有权势的贵族能将法国园林的要素全部在花园中实施。尽管挪威当时没有重要的花园设计师，但在东南部的Hafslund和Jarslsberg的庄园里，以及Trondheim城市周围，还是可以看到一些颇具纪念性的林荫大道。挪威的Lurøy Garden(1750)尽管是一个很不出名的小型规则式花园，但因其紧邻北极圈而成为世界最北的花园代表。

18世纪末，一个富裕的新上层阶级出现了，他们很快就熟悉了风景园的新时尚。奥斯陆外围的Bogstad Manor（1780，图101）是挪威最早的一个风景园，也是挪威最重要的风景园，至今仍然保存着。后来在挪威的东南部，也建了几个浪漫主义园林，但几乎没有遗存。

1815年建造的奥斯陆大学植物园在引入新植物方面起到了重要作用。奥斯陆大学的F.C. Schübeler(1815~1892)教授在西南沿海发现了许多优美的庭院树种，一个名为Molde的海边小镇也在此时因其茂盛的植被和色彩丰富的花园而出名。

1884年挪威园艺协会成立。协会成立早年，主要为促进商业园艺的发展和为业余园艺爱好者服务。今天，该协会由全国100多个当地

图100 Rosendal Barony花园
（引自The Oxford Companion to Gardens）

图101 Bogstad Manor鸟瞰（引自www.bogstad.no）

的花园俱乐部组成，协会负责各方面的信息工作。在东南沿海地区和Stavanger区，商业园艺（commerical horticulture）获得了大发展。墓园、公园、都市开放空间和私家花园的建设都处在一个公共的监督系统中。

7.2 现代景观设计的发展

挪威的景观设计师在基础设施的建设中扮演着重要的角色。在挪威，高速公路不仅要满足交通运输的需要，还要适合沿途的景观。这就意味着景观设计师全程参与公路的选线、环境评价、规划及建设。同样，挪威丰富的水利资源，也给设计师在水利工程中融合自然与人工美创造了机会。

由建筑师Carl-Viggo Hølmebakk设计，1997年建成的Sognefjell观景平台，以建筑化的方式融入到环境中（图102）。观景平台位于穿过Sognefjell山的公路旁。这条盘山公路是连接挪威东西部的主要通道，在短暂的夏季，成千上万的游客通过这里去西海岸的峡湾旅游观光（其他三季由于气候原因而关闭山路）。山路两旁的风景非常壮观，是挪威有名的风景地，游客们总是喜欢停下车来欣赏山景。而在公路旁那些吸引人停驻的地方，游人的践踏严重威胁着那些易受破坏的高山植被，而且游人在路边拍照，也带来交通安全的隐患。为解决上述问题，该项目创造了一个建筑化的、迷人的地方来引导游客的观赏，而不是用标志物、篱墙或明确限定的道路。设计师在沿公路重要的观景点上建了几个观景平台。其中Sognefjell Vantage Point是沿路最重要的一个观景位置，是远眺著名Hurrungane峰的理想地点。此观景平台的设计理念就是要建一个显眼的物体，为人们提供欣赏风景的场所。

2005年，在以峡湾风景著称的挪威南部Aurland附近，为了让游客更好地欣赏壮观的自然风景，建造了一座长30m、宽4m的观景桥，作为观赏峡湾壮丽风景的平台。观景桥结构完美，造型生动轻巧，高架于山坡之上，游客在桥上有非常惊险的和戏剧性的体验（图103），观景桥的设计师是Todd Saunders和Tommie Wilhelmsen。

景观设计师Jan Feste认为，挪威景观设计有两大方向：一种是以外部影响为主，采取一种建筑化的方法，形成与自然较鲜明的对比；另一种是以自然作为设计的出发点。Sognefjell观景平台和Aurland观景桥明显属于前者，而在景观设计师大量参与的水利基础设施建设中，他们的理念则更多地显示出后一种方向。

Arlund是挪威西部大型水力发电站工程的一部分，1966年开始第一个坝的规划。由工程师设计大坝的硬直线条与周围景观极不协调，为此，景观设计师Toralf Lønrusten对项目进行了重新设计，为不影响在原拟定建坝处山谷中部的一个小山，他提议在上游100m远处建大坝，用一个造型优美的弧形大坝来阻水（图104）。从视觉上，改为弧形的大坝造型看起来似乎更苗条也更坚实，这个坝在视觉上也似乎更低了，其造价与原来的大坝相比并没有增加。Toralf Lønrusten的提议被采纳。大坝施工中挖出的50000m³的岩石和土壤在坡地上堆成3个富有流线感的小山（图105），重复着周围景观的线型。这些岩土有良好的保水能力，它们上面将会长起白桦和柳树。这个项目中设计师成功地将人工融入自然。

20世纪90年代中期改建的挪威Vik的Kvilesteinen水库大坝（图106）是另一个重要实例。Kvilesteinen水库大坝于1967～1970建造，位于一个生态敏感的风景区。大坝当年用石块砌成，历经30年风雨后，坝身的护坡和一些结构都存有安全隐患问题。景观设计师Valborg Leivestad对大坝改建的理念是既不破坏当地脆弱的生态环境，又为人们创造风景优美的徒步旅行的小径，使区域成为吸引人的游览区。设计师强调了加强坝体所用石材与环境的协调和引导人们走向大坝和坝区风景区的道路的设计。坝顶路面两侧微微高起的边缘，起到安全和装饰的双重作用。

隧道和桥梁基础设施的建设和改善使得

图102 Sognefjell观景平台
（引自Landscape architecture in Scandinavia. Edition Topos）

图103 Aurland观景桥（引自Domus China 002）

图104 Arlund大坝
（引自Landscape architecture in Scandinavia. Edition Topos）

图105　余土堆成的小山
(引自Landscape architecture in Scandinavia. Edition Topos)

图106　Kvilesteinen水库大坝
(引自Topos36)

挪威北部的城市开始兴旺发展。1989年卑尔根市为减少市中心的交通流量，对市区进行了改造，重新整理交通系统和街道、广场和庭院体系。这些思想很好地体现在Ole Bullplaza广场的改造(图107)中（由Ingrid Haukeland、Axel Nitter Sømme和Arne Sælen设计，1993年）。广场面积为4000m²，最初是纪念卑尔根市著名小提琴家Ole Bull的一个城市公园，有大面积的白桦林、瀑布和Ole Bull的铜雕塑。改造后的广场成为城市步行系统的一部分。广场地面宛如一张花岗石的地毯，精心选择的6种不同色彩的石材构成复杂的图案，与周围的灰色建筑形成对比，成为一个交往和聚会的空间。艺术家Asbjørn Anderesen创作的雕塑"蓝色石板"（Blue Slab）控制着广场。

渔业是挪威的支柱产业，鱼市广场往往是挪威城市中重要的公共空间。由景观设计师Terje Kalve 和Arne Smedsvig以及建筑师和雕塑家共同组成的一个名为"Next to Nothing"的小组设计完成的卑尔根鱼市广场（Fisketorget）的改造(图108)是一非常成功的范例。传统的卑尔根鱼市有浓郁的港口氛围，但它的沥青铺路和老的街道家具给人一种破败的景象。设计者的指导思想是，无论有没有鱼市广场都要成为一个吸引人的场所。设计保留了古老的石块路面，而商贩区则铺以容易擦洗的石板，水龙头和电插口隐藏在青铜装饰物下面。设计师认为，广场作为城市起居室，最重要的一点是要装满人，而不是拥挤的街道家具，同时，都市的街道也要避免空旷。在新的设计中，街道的所有设施得到充分利用。新的鱼箱由彩色混凝土砌成，箱盖为木制，当鱼市结束后，鱼箱盖上木制的盖子，人们可以坐在上面(图109)。路边的长凳采用芬兰的Balmoral花岗岩材料，柚木的座面也更容易吸引人就座。

由挪威艺术家Guttorm Guttormsgaard与景观设计师Bjarne Aascn合作设计的挪威Tromsø大学广场（1991），显示出对地域特征的考虑，通过光和水的运用，用"迷宫"的主题(图110)诠释场地的气氛，也创造出大学中一个充满活力的空间。Tromsø大学地处北纬70°，是世界上最北的大学。设计师对当地寒冷的冬季气候和极夜中人对广场的使用的关注

图107　Ole Bullplaza广场鸟瞰
(引自Landscape architecture in Scandinavia. Edition Topos)

图108　卑尔根鱼市广场的港口氛围
(引自Landscape architecture in Scandinavia. Edition Topos)

挪威的景观设计 | 43

形成了作品的特色。广场上设有喷泉，四周几乎没有植物，砂砾和一些被水和冰冲蚀得光滑的砾石在喷泉外围形成一个迷宫般的图案。由于地面冰冻期长达数月，广场设计中运用了地下加热系统。在隆冬季节，由于地下加热系统的使用，喷泉附近的积雪会消融，由石头所标志的迷宫阵就可以清晰地显现出来。考虑极夜期间广场的使用，设计师在地下设计了4000个灯光口。在漫长的极夜里，那些从洞口射出的灯光（图111），如星空般耀眼，带给人温暖的感觉。设计师的创新设计，使学生和教师员工在冬季也能享受到水和灯光带来的乐趣。

在挪威活跃着许多景观设计团体，如Grindaker AS景观事务所和奥斯陆的13.3景观事务所（13.3 Landscape Architects），他们都有大量的作品建成。Grindaker AS景观事务所的作品包括：Klosterenga 生态住区（klosterenga økologiboliger，奥斯陆，2001）（图112）、亚历山大kiellands pl.（2001）、哈加高尔夫球场和俱乐部环境（Haga golfpark klubbhuset，2003）、Marselisgate 31庭院（2003）和 Steinsskogen墓园（图113）等。13.3景观事务所设计了瑞典Bo01小区的Scaniaplasten中心广场（图114）、奥斯陆Aker河岸谷仓改建成的学生宿舍的环境，还参与了奥斯陆空港规划。

位于奥斯陆的Snøhetta建筑与景观事务所（Snøhetta Arkitektur+Landskap）由Ole Gustavsen领导，是一家拥有70名不同领域专业人员的公司，完成的项目有北欧驻柏林大使馆挪威馆、埃及亚历山大图书馆等建筑，2002年曾赢得了纽约世贸遗址文化中心设计方案竞赛，奥斯陆的新剧院也将由他们负责设计。

挪威许多景观设计师都毕业于挪威生命科学大学（UMB,Norwegian University of Life Sciences）的景观规划学院。该大学位于Akershus的Ås城市，其前身是1859年成立的挪威农业学校（agricultural school），1897年晋级为农业学院，2005年成为挪威生命科学大学。在20世纪70~80年代间，挪威

图109 卑尔根鱼市广场上的鱼箱在收市后可以当作座凳（引自Landscape architecture in Scandinavia. Edition Topos）

图110 Tromsø大学广场鸟瞰（引自广场设计）

图111 极夜中的Tromsø大学广场（引自广场设计）

大部分景观设计师到政府和当地管理部门工作，余下少部分去了全国65个景观设计师事务所或是咨询公司，到1990年代末每年毕业生35人。挪威景观设计师协会（NLA，Norske Landskapsarkitekters）成立于1929年，协会网站地址为：http://www.landskapsarkitektur.no。

7.3 理论研究

挪威著名的建筑理论家舒尔茨（Christian Noberg Schulz, 1926~）的"场所"理论对现代建筑设计和城市设计产生了重要影响。受存在主义、结构主义与现象学哲学影响，舒尔茨的研究和理论关注在建筑"存在"所表达的意义上。他所提出的"场所精神"，在1980年代风靡一时。舒尔茨的著作主要有《建筑意向》（Intentions in Architecture, 1963）、《存在·空间·建筑》（Existence, Space and architecture, 1971）、《场所的精神——走向建筑的现象学》（Genius Loci—Toward a Phenomenology of Architecture, 1980）等。在许多现代景观设计中，"场所精神"也成为一个关键的词汇。

图112　Klosterenga 生态住区
（引自www.grindaker.no）

图113　Steinsskogen墓园
（引自www.grindaker.no）

图114　Bo01小区的 Scaniaplasten中心广场

8 冰岛的景观设计

冰岛是北大西洋中的岛国,是欧洲最西部的国家,面积10.3万km², 人口仅30万人左右。冰岛地形似碗状高地,四周为海岸山脉,全境3/4是海拔400～800m的高原,其中1/8被冰川覆盖。冰岛多火山,其中至少有30座活火山,几乎整个国家都建立在火山岩石上,大部分土地不能开垦。所以冰岛也被称为冰火之国。冰岛多喷泉、瀑布、湖泊和湍急河流,是世界上温泉最多的国家。冰岛属寒温带海洋性气候,变化无常,夏季日照长,冬季日照极为短暂。冰岛纬度虽高,但北大西洋暖流流经西、南、东三面,故沿海气候温和湿润,仅北部和西北部受寒流影响,较寒冷干燥。冰岛的自然资源匮乏,但渔业、水利和地热资源丰富,约90%的冰岛居民利用地热取暖。

冰岛的天然植被很脆弱,土壤极易被风、水、冷热气流侵蚀。冰河、熔岩覆盖的土地和活火山以及稀少和脆弱的植被形成了冰岛特有的景观特征。由于人口少,在冰岛,自然无处不在。城市的规模小,与自然没有距离,即便身在城市,与山脉、河流、溪谷,甚至是火山都近在咫尺。

由于是岛国,冰岛十分重视保护海洋环境和防止海洋污染,积极倡导和参与环保合作,主张合理开发自然资源,发展水利、地热等清洁能源,加强对氢能和风能等新能源的研究。

天气的无常变化使得冰岛人非常重视自然。在首都雷克雅未克(Reykjavik)新市政厅的景观设计中,季节的变化被融进设计中。建筑建在人工水池边,使得建筑与水有很近的联系。水流从墙端跌下,细流坠入建筑前的水池(图115)。水幕在夏季成为水生植物和墙的过渡;冬季结冰的水珠在光中闪亮,赋予墙体一种晶莹剔透的感觉。

冰岛人在建造花园时通常会选择一些充满野性的自然材料。他们从高地和海岸运来岩石和石块作为雕塑和铺装材料。

在冰岛,对建设的统一规划一直很弱,就国家来说,也缺乏对协调一致的规划的努力。1995年几次雪崩灾难后,冰岛政府开始了一个雪崩防护的国家研究计划——雪崩和山体滑坡的监测,使得有雪崩威胁的地方在地图上可以标示出,并且通过建防护墙来阻止雪崩和山体滑坡的威胁。近年,景观设计师参加了由土木工程师、地质专家、气象学家、雪崩专家组成的项目小组。作为咨询成员,他们力图使防护措施对环境的影响减到最小,并将当地的自然条件和景观要素一起认真考虑。景观设计事务所Landslag Ltd.参与了Siglufjördur防雪崩防护墙的设计。为避免雪崩防护墙在自然环境中成为显眼的庞然大物,在景观设计师的建议下,防护墙的宽度不断变化,在人们经常看到的地方设计成有机的曲线形(图116),与高处陡峭的部分形成鲜明对比。在某种意义上有机的防护墙体成了山体向低地的一种延伸。景观设计师还把雪崩防护墙开发成娱乐设施,人们可以从城镇出发,通过它爬到山顶,如今这种防护墙已成为当地的一种景观。

位于冰岛 Borgarnes的冰岛农业大学(LBHÍ)的环境系(Department of Environment)中设有相应的景观专业。冰岛景观设计师的职业训练主要是景观的保护和发展,他们的工作集中在城市和乡村环境的规划、设计与管理。冰岛景观设计师联盟(FILA, Felag Islenskra Landslagsarkitekta/Federation of Icelandic Landscape Architects)成立于1978年,网站地址为:http://www.fila.is。

图115　雷克雅未克新市政厅的水景
(引自Landscape architecture in Scandinavia. Edition Topos)

图116　雪崩防护墙
(引自Landscape architecture in Scandinavia. Edition Topos)

注释

[1]. 易晓. 北欧设计的风格与历程[M]. 武汉：武汉大学出版社，2005,5

[2]. Andersson, Thorbjörn. A Critical View of Landscape Architecture, Topos (49)：22~32

[3]. 同[1], 17

[4]. Jellicoe, Geoffrey & Susan. The Oxford Companion to Gardens[M]. Oxford：Oxford University Press. (1986第一版)2001,500

[5]. Andersson, Thorbjörn. Erik Glemme and the Stockholm Park System. Treib, Marc (Edited). Modern Landscape Architecture：A Critical Review[M]. Cambridge, Mass.：MIT Press，1993, 115

[6]. 同[2]

[7]. 同[2]

[8]. Waymark, Janet. Modern Garden Design：Innovation Since 1900[M]. London：Thames and Hudson.2005 198~199.

[9]. Hauxner, Malene. Open To The Sky[M]. Copenhagen：The Danish Architectural Press, 2003, 131

[10]. Lund, Annemarie. Guide to Danish Landscape Architecture：1000~2003 [M]. Copenhagen：The Danish Architectural Press, 2003,7

[11]. 同[10],19

[12]. 同[9],85~86

[13]. Hauxner, Malene. With the Sky as Ceiling：Landscape and Garden Art in Denmark. Treib, Marc(edited). The Architecture of Landscape：1940~1960[M]. Philadelphia：University of Pennsylvania Press, 2002, 29

[14]. 同[13],44

[15]. Andersson, Sven—Ingvar. Individual Garden Art. About Landscape[M]. Edition Topos. München：Callwey Verlag，2002, 112

[16]. Andersson, Stig L.. A Cloud Is Just Another Sheet of Crumpled Paper, Topos(40)：86~93

[17]. 同[4],187

[18]. Häyrynen, Maunu. National Landscapes and Their Making in Finland. Landscape Architecture in Scandinavia[M]. Edition Topos. München：Callwey Verlag.

[19]. Ruokonen, Ria. Landscape Design in Tapiola. Heroism and the Everyday—Building Finland in the 1950s[M]. Helsinki：Museum of Finnish Architecture. 1994.

[20]. Susi—Wolff, Kati. Finland：Urbanization and Cultural Landscape. Topos(27)：69~74

[21]. Feste, Jan. Norway：An Affinity for Nature. Topos(27)：56~62

[22]. ólafsson, Gestur. Planning the Future Regions of Europe. Landscape Architecture in Scandinavia[M]. Edition Topos. München：Callwey Verlag.

第二部分
实　例

1 奥尔胡斯大学/University Århus

地点：丹麦，奥尔胡斯/ Århus, Denmark
建筑师：K.菲斯克、C.F.莫勒、P.斯达伊曼/ Kay Fisker、C. F. Møller、Povl Stegmann
景观师：索伦森/ Carl Theodor Sørensen
竞赛时间：1931

奥尔胡斯大学是建筑师与景观师成功合作的例子。1931年索伦森和建筑师菲斯克、莫勒等合作的奥尔胡斯大学校园规划获得了竞赛一等奖。设计师们雄心勃勃，想要创造出一个新的现代的大学校园环境，它的"建筑既要比哥本哈根大学的还要好，也要与景观统一，且景观还要是自由式的和美丽的"。基址是一块丘陵地，中心是溪水流淌的山谷，低处有两个池塘。方案的指导思想是将建筑自由成组沿山谷周边布置，以保持山谷的开放性，并使建筑、大地和树木有机地结合在一起。

那个时期的丹麦，在校园建筑中自由成组布局还没有先例。受H.迈耶（Hannes Meyer）1926年在柏林附近的Bernau设计的联邦学校（Bundesschule）的启发，索伦森和莫勒设计出了有相当灵活性的方案。自由式的布局方式有利于建筑的分期建设，也使校园不会有未完工的感觉，而且这种布局方式也适合于不同大小的建筑用地。

受当时欧洲大陆现代主义运动的影响，建筑师和景观师在总体风格上达成了一致，即建筑是白色的方块建筑，而环境中只有一种树木——橡树，摈弃非必需的装饰，也没有开花的灌木。索伦森选择橡树而不是丹麦的国树山毛榉是经过周密的考虑的。首先，在建筑近旁的树木需要修枝，橡树比山毛榉更耐修剪，与建筑的关系也更协调。其次，橡树的历史更悠久，更能代表丹麦。

不过，大萧条和随后的德国占领的现实要求校园的建设要经济而务实。建筑的砖墙没有刷白，屋顶起了屋架铺上了瓦，而校园里原本应当种植的橡树树苗变成了直接种植橡果。这些虽然是客观条件限制的结果，却因困难时期高涨的民族自尊心而具有了特定的象征意义。砖来自丹麦的土地，而橡树不仅象征着丹麦国家久远的历史，也象征着知识和智慧。1946年大学主体建筑刚建成时，主入口装饰着丹麦艺术家Olaf Stæhr-Nielsen的橡树图案的陶瓷浮雕——"知识之树"（The Tree of Knowledge）。这些表达出当时人们内心的一种渴望。社会环境的变化，使得原本国际化的设计倾向变成了本土化的实践，也使得景观效果需要更长的时间来实现。

如今，当年的橡果已经长成了郁郁葱葱的大树，舒展地生长在地形起伏的山谷中。山谷的高处，朴素的淡黄色清水砖墙建筑掩映在橡树丛后面，墙上爬满了攀缘植物，与环境融为一体。一条蜿蜒的小路顺着地形穿行在树丛之中，小溪从谷底流过，在低处汇集成一个自然的池塘。山谷景色秀丽，具有田园风格。

基址的北边，主体建筑的庭院和绿地之间有10m的高差，形成了一个高大的挡土墙。泉水从墙边涌出，成为小溪的源头。在大学这样一个传播知识的地方，泉水作为智慧的象征给人以启迪。挡土墙边，索伦森利用地形高差设计了一个露天草地剧场，22级台阶、1/4个同心圆的剧场与周围的自然地形有机地结合在一起，创造出轻松优雅的气氛。

奥尔胡斯大学是一个经历了40多年才完全建成的项目。在如此漫长的时间内，在经历了社会、政治的种种变故、经历了各种艺术流派的潮起潮落之后，仍能尊重并延续当年的设计理念并逐步实施，不能不说是一个奇迹。在这里，索伦森把丹麦景观文化中的普通元素—树林、田（草）地与缓坡地形或丘陵结合，创造了优美而浪漫的田园景致。

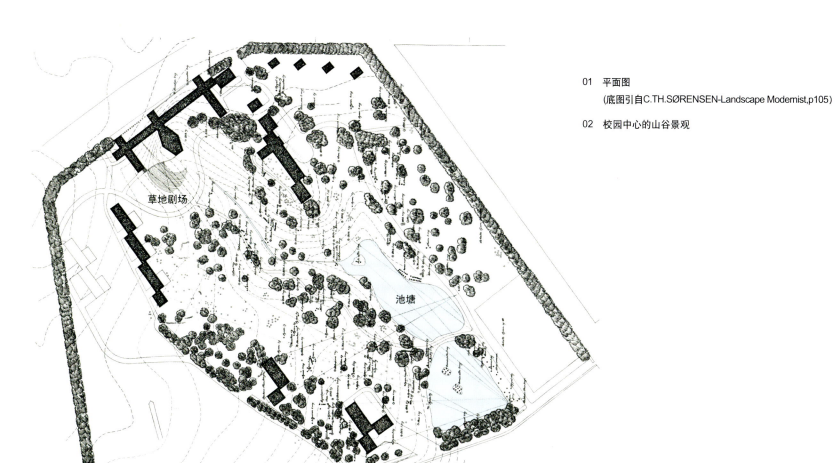

01 平面图
(底图引自C.TH.SØRENSEN-Landscape Modernist, p105)

02 校园中心的山谷景观

奥尔胡斯大学/University Århus

03 蜿蜒的小路顺着地形穿行在树丛之中
04 建筑、地形和植物有机地结合在一起
05 起伏的地形和蜿蜒的小路

06　山谷低处的自然池塘
07　校园中的林荫路
08　主体建筑与草地剧场

09　草地剧场与周围的环境有机地结合在一起

10　校园的中心是溪水流淌的山谷
11　草地剧场的台阶与地形自然地衔接
12　朴素的淡黄色清水砖墙建筑，墙面上爬满了攀缘植物

奥尔胡斯大学/University Århus | 55

2 Mariebjerg墓园/Mariebjerg Kirkegård

地点：丹麦，根特夫特/ Gentofte, Denmark
设计师：布兰德特/ Gudmund Nyeland Brandt
建成时间：1936

布兰德特设计的Mariebjerg墓园始建于1926年。墓园占地约27.5ha，一条东西向的主干道将墓园分成两部分。主干道端点的圆形和半圆形空间充满了古典意味，主次分明的路网设计使人在墓园的每一个角落都很容易辨别方向。方格形的路网将墓园分隔成40个方形小墓地，对应不同的风格，如森林墓地、没有墓碑和标记的墓地、儿童墓地和家庭墓地等。墓园的南北两端，各有一处自然式的墓地（见平面图中的NU和SU部分），这两处墓地的个体墓碑前不允许私自种植任何植物，其目的是维持自然的环境状态。SU和NU部分的个体墓地都是3m×3m，个体之间没有明确的界限标志。墓碑的形式有明确的规定，在NU部分为方形的墓碑，SU部分则是未经加工的石头。

Mariebjerg墓园体现了布兰德特的许多设计思想和方法：方形的空间组合；修剪植物与未修剪植物的对比；明确的空间分区和古典的结构体系；用植物来创造的直线型空间等。在40个方形小墓地中，布兰德特用修剪的紫杉篱围合出有一定私密性的墓地空间，小墓地内风格各异，有常见的行列式，也有十字形绿篱组合出的疏密有致的个体空间，或是草地与铺装构成的六边形图案。

在设计中，布兰德特非常关注整体的和谐。为确保各个小空间达到总体的统一，他积极倡导平缓曲线的应用，他还研究了不同植物之间生长的和谐性。墓地的植物种类基本保持不变，在一些小墓地空间中，运用了一些装饰性的灌木丛进行空间再分割。

墓园一部分是在布兰德特去世前建成的，一部分是1960年代由S．汉森负责建成的，而在70年代小墓园的建设则由尼尔森（Morten Falmen Nielsen）负责。

Mariebjerg墓园实现了布兰德特建造公园绿地式墓园的想法，这一理念后来在丹麦变得很流行。布兰德特强烈反对那种纪念碑式的墓地，他认为，墓碑仅仅是一张"名片"，刻上名字即足矣。Mariebjerg墓园是丹麦第一个骨灰盒墓地，这里的墓碑基本上都是平卧放置，体现"民主社会"人人平等的概念。Mariebjerg墓园成为当时墓园的典范，并且直到今天，它的原则还主导着丹麦的墓园设计。

Mariebjerg墓园是布兰德特的杰出作品，布兰德特因此获得了1937年的Eckersberg奖章和1945的C.F.Hansen奖章。丹麦著名的现代景观设计师如Georg Boye（1906～1972）、索伦森（1893～1979）、Ole Nørgård（1925～1978）、S.汉森（1910～1989）和Edith Nørgård（1919～1989)都葬在这里。

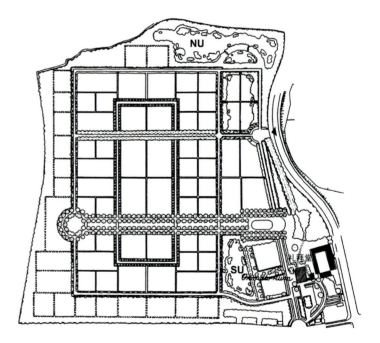

01 平面图
（底图引自Guide to Danish Landscape Architecture：1000～2003，p115）

02　墓园南入口附近的下坡道将视线引向不可见的远方
03　L形绿篱围合的墓地
04　圆形绿篱组合出墓园南面的空间

05　没有墓碑和标记的六边形墓地
06　儿童墓地
07　十字形绿篱围成的墓地

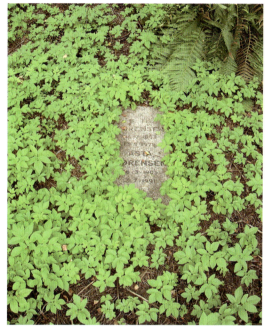

08　修剪的树篱、列植的树和草地是对丹麦乡村景观的提炼
09　景观设计师索伦森（Carl Theodor Sørensen）的墓碑
　　（位于NU部分）
10　草地林荫道

Mariebjerg墓园/Mariebjerg Kirkegård | 59

3 斯德哥尔摩城市图书馆公园/ Stockholm City Library park

地点：瑞典，斯德哥尔摩/ Stockholm, Sweden
设计师：阿斯普朗德/ Gunnar Asplund
建成时间：1938

公园紧邻图书馆，北倚小山，中心是平静的矩形大水池，倒映着周围的街景、建筑和天光。山脚处顺山势流淌的小溪将水池与小山联系起来。一对青年男女的青铜雕塑位于溪流汇入矩形水池的入口，象征着在知识海洋中奋进的人们。矩形水池是图书馆建筑要素的延续。抬高的图书馆前广场俯瞰着水池，其下方是正对水池的快餐厅，提供了一个舒适、优美的进餐环境。公园南面靠街道一侧，以长长的矮墙划分出街道和公园的各自区域，简朴的亭子标示出公园的入口。在山体和矩形水池的背景中，图书馆的实体建筑形象和精神意义更显高大。

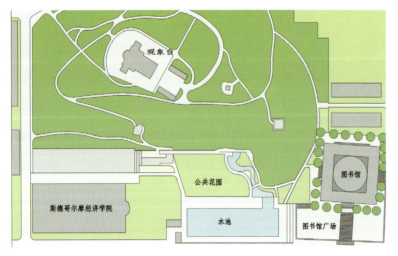

01 平面图
02 公园的设计借鉴了古典园林水景设计的手法

03 矩形水池与城市街道之间既有分隔又有融合
04 公园、小山与图书馆建筑
05 雕塑位于自然式水景与几何式水景的交界处

斯德哥尔摩城市图书馆公园/ Stockholm City Library park

06 从餐厅前平台望山体
07 从山上俯瞰水池
08 矩形水池的另一端是斯德哥尔摩大学经管学院的主楼

09 水池、小山和图书馆建筑
10 从入口处带雕塑的亭子看公园

斯德哥尔摩城市图书馆公园/ Stockholm City Library park

4 森林墓地 /Woodland Cemetery

地点：瑞典斯德哥尔摩 /Stockholm, Sweden
设计师：阿斯普朗德、莱维伦茨 /Gunnar Asplund、Sigurd Lewerentz
建成时间：1940

20世纪初，斯德哥尔摩的墓地急需扩张，为在位于斯德哥尔摩南面的Enskede的一片75ha的松林和废弃的采石场建造新的墓地，在1915年开展了一次国际设计竞赛。年轻的瑞典建筑师阿斯普朗德和莱维伦茨的设计获得了头奖并被定为实施方案，并于1917~1940年期间修建完成。这个伟大作品的设计既保护了松树林中墓地和火葬场所需的隐蔽性，又创造出了20世纪最美丽的景观之一。

森林墓地入口树木夹峙下长长的石墙甬道将人的视线引向前方巨大而开敞的草地土丘，把城市的喧闹和人们的杂念都挡在了入口以外。草地上的高耸的黑色花岗岩十字架在广阔天空的映衬下格外醒目，引导送葬的人群沿着上升的小路走向火葬场。浅黄色的火葬场建筑是一座杰出的现代主义作品，简洁朴实，烘托了宁静的气氛。建筑前平静的池塘里漂浮着睡莲，倒映着天空、云朵和建筑，仿佛水下存在着另一个世界。草地的最高处，是一个祭奠亡灵的平台，四周环以几株大树，可以俯瞰整个墓地。在巨大的草地土丘上，这一丛树木被无尽的天空和广袤而绵延起伏的大地所映衬，具有一种震撼人心的肃穆和宁静，给人们以对土地和天空的深刻体验。从入口广场到林间墓地，缓缓上升的地形、广阔的天空、水平延展的草地、葱茏的树丛和森林融合成一种氛围，即对死者的祭奠和灵魂回归天堂的神圣，并由此带来对生者的慰藉。森林墓地中视野的变化和起伏的地形，如同瑞典南部的乡村景观一般，阿斯普朗德通过这种景观传递出他所积极探寻的瑞典景观的象征意义。天与地，土丘与山谷，森林与空旷地，草地与池塘，用景观的启示唤起人们对死亡与重生的联想。

森林墓地是现代建筑与环境完美结合的早期范例，是结合建筑、园林和雕塑的环境艺术作品，它所表达的情感和氛围远远超出了物质本身，具有深刻的精神内涵。这似乎预示着20世纪中期以后"大地艺术"的发展方向。

这个伟大作品的设计者阿斯普朗德去世后被埋葬于池塘边，最终与自己的作品融为一体。

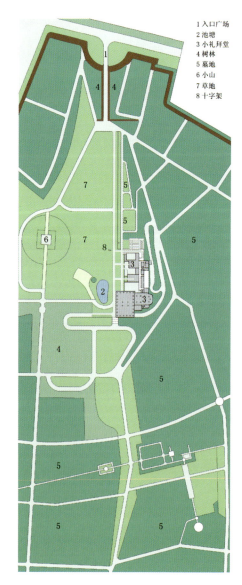

01 平面图

02　森林墓地入口的石墙甬道
03　巨大而开敞的草地土丘传呈出一种震撼人心的肃穆和宁静

森林墓地 / Woodland Cemetery | 65

04 高耸的黑色花岗岩十字架引导送葬的人群沿着上升的小路走向火葬场

05 天空、草地、森林、建筑和雕塑融合成一种神圣的气氛
06 草地的最高处是一个祭奠亡灵的平台
07 祭奠平台周围开满了鲜花

森林墓地／Woodland Cemetery | 67

08　从祭奠平台俯瞰火葬场和池塘

09 池塘里漂浮着睡莲，倒映着天空、云朵和建筑，仿佛水下存在着另一个世界
10 天与地的对话给人以深刻的印象

11　森林墓地具有一种震撼人心的肃穆和宁静

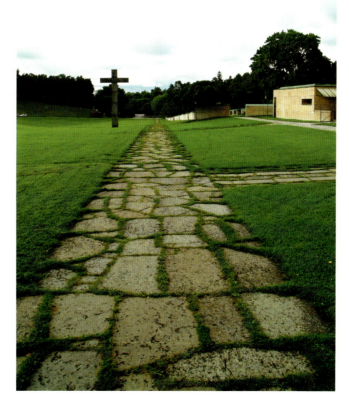

12 祭奠平台上的一丛树木被无尽的天空和广袤而绵延起伏的大地所映衬
13 由火葬场向入口方向回望

森林墓地／Woodland Cemetery | 71

14　森林墓地也是一件大地艺术作品

15　天与地，土丘与山谷，森林与空旷地，草地与池塘唤起人们对死亡与重生的联想

16 森林墓地也体现了瑞典南部典型的景观——松林和原野
17 松林中的墓地
18 池塘边阿斯普朗德的墓地

5 泰格纳树林/ The Tegner Grove

地点：瑞典，斯德哥尔摩/ Stockholm, Sweden
设计师：格莱姆/ Erik Glemme
设计时间：1941

泰格纳树林是在斯德哥尔摩市密集地区的一个地形起伏的公园，在19世纪末曾经过设计，留下了一片树林和规则式的道路系统。1941年格莱姆开始重新塑造它，减少了原来非常复杂的步行道系统，增加了草地的面积和一些隐蔽的休息角落。公园的改造被看作是对时代需求的回答，即公园必须主要作为一个社会地点，提供游玩和消遣的机会。

在公园中心的小山包上安放了一个六角形的休息亭成为主要的观景点。亭子周围环绕了一圈椴树，泉水从亭下涌出，顺山坡形成一条潺潺小溪，落入山脚的池塘。溪流和池塘边点缀着大块砾石和喜湿的多年生植物。公园东面的小山包上布置了一个艺术家Carl Eldh创作的瑞典小说家和剧作家Strindberg的纪念碑。

公园的另一个主要要素是"花树园"（Blossom Garden），它是"斯德哥尔摩学派"的一个创新，由格莱姆设计，在泰格纳树林首次出现。这个思想主旨是创造一个室外的花园房间，有大量开花的灌木、多年生植物和草本，一年四季花开不断。"花树园"试图创造一种家庭花园的氛围，为没有私家花园的广大公众提供一个替代物。

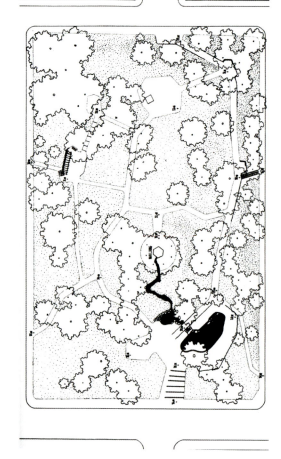

01 平面图
(引自Modern landscape architecture:a critical review,p129)

02 泰格纳树林是城市密集地区的一个地形起伏的公园
03 公园中心的六角形休息亭，泉水从亭下涌出

04 公园中开敞的草地

05　六角形的休息亭周围环绕着一圈椴树
06　"花树园"试图创造家庭花园的氛围
07　公园中的纪念雕塑

6 玛丽娅别墅花园／Villa Mairea

地点：芬兰，波里附近的Noormarkku/ Pori, Finland
设计师：阿尔托/ Alvar Aalto
建成时间：1939

1937年底，阿尔托受到古利岑夫妇（Harry and Maire Gullichsen）的委托，在芬兰西海岸的Noormarkku为他们设计一处夏季别墅。古利岑夫妇要求别墅要有芬兰的特色，同时也要反映出他们的现代生活理想和精神。基地位于Noormarkku山坡上的一片松林中，其附近还有玛丽娅（Mairea）父亲和祖父修建的别墅。

当时，美国建筑师赖特（F.L.Wright，1867~1959）设计的流水别墅产生了世界性的影响，阿尔托也深受其启发。设计初始，阿尔托曾建议把设计地段移到Noormarkku附近一处有溪流的地方。最终，当玛丽娅别墅仍在原址建成时，却难以看出多少流水别墅的影子。

玛丽娅别墅的布局受芬兰农场的启发，建筑呈L形，由住宅、桑拿房和连接它们的半开敞走廊组成。建筑围合出半开敞的花园，花园开敞的一侧用隆起的草堤和低矮的石墙与周围的松林分隔和渗透。阿尔托运用了芬兰传统建筑的一些材料和处理手法，如木板外墙、草皮屋顶、干垒墙等等，使这一现代主义建筑具有了乡土建筑的一些特点，充满人情味。整个花园是松林中的一块开敞地，深色的树林和浅色建筑外墙为花园提供了背景。花园的中心是肾形游泳池，曲线的轮廓和池边点缀的乡土花卉让它看起来好象是美丽的乡间池塘。池边草地上放置了一组白色桌椅，成为花园构图的一部分。玛丽娅别墅花园充分体现了芬兰1930年代的花园主张——花园是一个简单和快乐的室外空间。

01　平面图（引自Alvar Aalto: vol.1(Birkhäuser出版),p109）

02 松林中的玛丽娅别墅

玛丽娅别墅花园／Villa Mairea

03　肾形游泳池俯瞰

04　L形建筑围合出半开敞的花园
05　游泳池的曲线轮廓和池边点缀的乡土花卉让它看起来好象是美丽的乡间池塘

玛丽娅别墅花园／Villa Mairea | 81

06　隆起的草堤和低矮的石墙将花园与周围的松林分隔
07　花园的草堤边界和栅栏
08　游泳池和桑拿房

09　游泳池、建筑和花园外的松林
10　与植物结合的台阶成为建筑到环境的过渡
11　连接别墅和桑拿房的有草皮屋顶的走廊和朴野的干垒墙

7 喷泉花园/ Fountain Garden

地点：丹麦，哥本哈根/ Copenhagen, Denmark
设计师：布兰德特/ Gudmund Nyeland Brandt
建成时间：1943

喷泉花园位于哥本哈根市中心的蒂伏里（Tvoli）公园内，又名蒂伏里花坛花园（Tivoli Garden of Parterres）。布兰德特在花园中设计了一系列并排的卵形种植池，池中绿地上点缀着32个木盆喷泉。在第二次世界大战德国占领丹麦期间，混凝土被禁用，喷泉池只能使用木材。喷泉花园的空间特色在于水和花卉以一种稳定的节奏均衡分布，而没有任何轴线与中心。花园平面看上去就像墙纸碎片，方形和圆形融合在构图中，形成规则的模数系统，平行线的方向也将人们的视线从喷泉花园引向中心的湖面和远处游人如织的娱乐区。木盆喷泉花园中有一面与湖面曲线相似的弧形砖墙，是基地内两个不同标高的地面之间的挡土墙，同时优美的弧墙也成为花园的边界限定和背景。当时的喷泉花园风格相当现代，而且功能与形式、技术与经济相统一，花园的氛围既不怀旧也不伤感，具有一种诗意。

喷泉花园体现出一种与1930年代大不相同的新美学语言——布兰德特提出将花园视作庭院，在这个庭院中，美学存在于人工构筑物中。

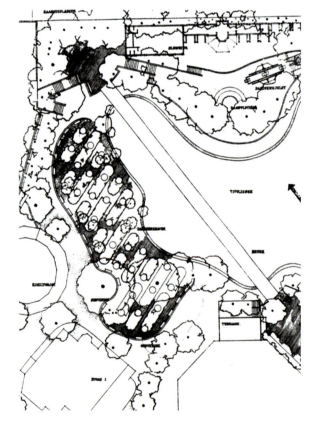

01 平面图
（引自Guide to Danish Landscape Architecture：1000～2003, p78）

02　喷泉花园以卵形种植池和圆形喷水木盆为母题

03　喷泉池构成的几何秩序

喷泉花园／Fountain Garden

04　花园与园外的建筑
05　休憩座椅面向花园沿墙设置
06　圆形木盆喷泉池与周围的多年生植物

07　植物柔化了圆形喷泉池和卵形种植池的几何边界

8 Nærum家庭花园/ Nærum Allotment Gardens

地点：丹麦，哥本哈根/ Copenhagen, Denmark
设计师：索伦森/ Carl Theodor Sørensen
建成时间：1952

　　索伦森对二战后欧洲城市中涌现的大尺度的公寓和街区非常反感，认为这种没有私家花园的住宅形式特别不适合孩子们的居住。为此他创作了一些出色的游戏场，还为居住在公寓里的家庭设计了位于城市边缘的家庭园艺花园（Allotment Gardens）。

　　1948~1949年索伦森在哥本哈根中心城北部的Nærum设计了50个家庭园艺花园（Nærum Kolonihaver）。它们都是椭圆形的，并且大小一致。由于座落在缓坡草地上，花园小屋的位置又各不相同，因而这些花园的空间感觉没有一个是雷同的。每一个花园都由绿篱环绕，有一个入口。索伦森认为它们从本质上来说是史前花园的形式，因为最初的花园就是在大地上用篱笆围合成一个椭圆形，然后有一个入口，围合和入口是花园最初的两个要素。每个椭圆形提供了一个私家花园的基本功能，而花园外绿篱之间的空间并非是消极无用的，相反这里的空间变化非常丰富而吸引人，不同尺度的空间持续流动，收缩或开敞、上坡或下坡，如同一个通向更开阔空间的狭窄通道的迷宫，孩子们可以在里面游戏寻觅。

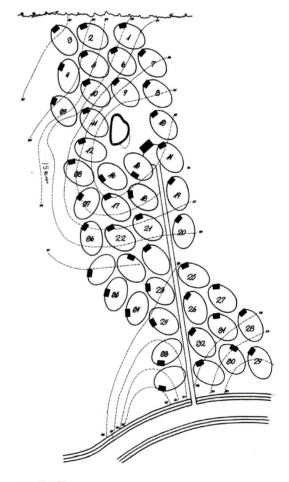

01　平面图
（引自C.TH.SØRENSEN-Landscape Modernist，p141）

02　鸟瞰图
　　(引自images.visitdenmark.com,Jan Kofoed Winther摄)
03　椭圆形绿篱在起伏的草坡上创造出多种变化

04　家庭花园与背景的山林
05　椭圆花园之间的空间是富于变化和吸引人的

06 围合和入口是花园最基本的要素
07 草地中没有边界的花池
08 花园之间的空间如同一个迷宫,孩子们可以在里面游戏寻觅

Nærum家庭花园/ Nærum Allotment Gardens

09　椭圆间的空间流动
10　尽管大小一致,但由于座落在坡地上,这些花园没有一个是相同的

11 地势低洼处在大雨过后有可能会成为一个池塘
12 主人自行经营的花园

9 Kongenshus纪念公园 / Kongenshus Mindepark

地点：丹麦，Ved Resen / Ved Resen, Denmark
设计师：索伦森 / Carl Theodor Sørensen
建成时间：1953

Kongenshus 纪念公园是为纪念历史上的荒原开拓者而建立的。1800 年，丹麦日德兰半岛约 30% 的土地是石楠荒原，Kongenshus 所在的 Hardsyssel 区，石楠荒原占整个区域的 80%。然而到现在，Hardsyssel 区的石楠荒原只占整个区域的 6%。历史上的荒原开拓者以自己的勇气和毅力为人类社会的发展作出了巨大贡献，而今天为数不多的荒原已经成为受法律保护的文化地理资源。Kongenshus 纪念公园位于 Kongenshus Hede 受法律保护的约 30km² 的石楠荒原中，索伦森在踏勘了整个保护地后，把基址选在了一个长长的船形山谷中。

山谷在荒原中蜿蜒前行，两侧山坡坡度柔缓。索伦森在设计中把人作为中心来处理，他以一个纪念的场所而不是纪念碑来纪念所有的拓荒者。在一片贫瘠的土地中，他用很少的介入使它的一部分保留地成为这里被开垦历史的纪念。山谷中，沿路每隔 20m 放置一块刻有字和图案的大圆石，总共 39 块。由建筑师 Hans G. Skovgaard 设计的刻字和图案的大圆石，借鉴了北欧历史上在石头上镌刻文字的传统，记录了这些人的名字和开垦业绩。索伦森设计了一条蜿蜒的小路，将这些石头排列在路旁，人们可以在从容的前行中完成对拓荒者的凭吊。道路在这里成为一个实现纪念意义的要素。

行进在山谷中，除了石头、石楠荒原和天空这些单纯的元素之外，什么也看不见。纪念的意义在纯净的环境中得到升华。在长长的纪念路的尽端，是一个视线深远的圆形空地，纪念的圆石沿山谷的坡脚放置，形成一个圆环，如同古代北欧人的墓葬。圆石广场的缺口把纪念的意义引向远处拓荒者开垦出的林地。天空、石楠荒原与远处开垦出的农田和森林都在这里交汇，生与死，历史与现在，开垦地与保留地，在此时此地汇集，创造出一种永恒。

设计中，索伦森充分利用基督教之前（Pre-Christian）的北欧文化来纪念这群勇敢的农业垦荒者。刻字的圆石、圆形空地和船形山谷的纪念背景，隐喻了这片土地上古老的民主的维京文化。

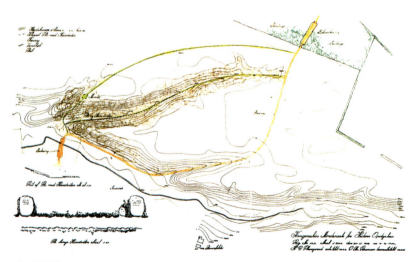

01 平面图
(引自 C.TH.S RENSEN—Landscape Modernist, p120)

02 尺度亲切的谷地和圆石纪念碑
03 常绿植物为谷地带来变化
04 纪念公园谷地俯瞰

Kongenshus纪念公园/ Kongenshus Mindepark | 95

05　蜿蜒的小路旁排列着纪念圆石
06　平缓的坡地在平和中塑造空间的纪念意义

07 山谷尽端的圆石广场

08 圆石广场的缺口指向远处拓荒者开垦出的农田和森林，把公园的纪念目的和被纪念者的成就融为一体。

09 从圆石广场回望纪念谷地

10 谷地中柔缓的地形变化
11 圆石上记载着石楠荒原开垦的时间和数量变化

Kongenshus纪念公园/ Kongenshus Mindepark | 99

10 阿尔托工作室庭院/ The Court of Alvar Aalto Studio

地点：芬兰，赫尔辛基 / Helsinki, Finland
设计师：阿尔托 / Alvar Aalto
建成时间：1956

  1934至1935年，阿尔托在赫尔辛基的Munkkiniemi建造了自己的住宅。1950年代，随着设计任务接踵而至，家里窄小的工作室已无法应对这些事务。1955～1956年，阿尔托在离家不远的一处坡地建造了自己的工作室。

  工作室的建筑布局呈L形，庭院顺应地形变化，形成一个半封闭的剧场式的室外空间。阿尔托对这种源自古希腊的剧场形式非常偏爱，他在1930～1931年的萨格勒布（Zagreb）医院竞赛中就开始使用，在1950年代相继建成的工作室庭院和赫尔辛基理工大学主楼环境中也有运用。阿尔托认为，室外剧场是人们交往的理想形式，每个人可以在这里坦诚和自愿地相遇。阿尔托工作室的室外剧场用干砌毛石和草地花卉形成，具有自然的气息和亲切交流的尺度，是工作研讨和歇息的场所。剧场前方由建筑延伸出来的白墙可作为放映幻灯的投影屏。

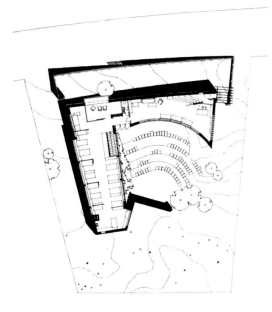

01 平面图
（引自Alvar Aalto（Richard Weston），p214）

02 类似哥特建筑飞扶壁的院墙

03 室外剧场式的庭院

04 台阶、草地、白色墙面、松林和天空成为庭院永恒的风景
05 由台阶顶部看庭院入口，白色木栅栏、松树和墙面的层次暗示着入口
06 剧场前端可充当投影屏的白墙

07　庭院与建筑的波浪形边界，光影随着时间的变化而变幻
08　自然朴野的剧场石台阶
09　庭院的木栅栏

阿尔托工作室庭院/ The Court of Alvar Aalto Studio | 103

11 白令公园 / Vitus Bering's Park

地点：丹麦，霍森 / Horsens, Denmark
设计师：索伦森 / Carl Theodor Sørensen
建成时间：1957

白令公园是索伦森的一个重要作品，是为纪念在 Horsens 出生的丹麦航海家白令（Vitus Bering）而设计。索伦森最初的设计是一系列不同的几何形组合的花园，但未被接受，后来他有机会在赫宁（Herning）实施了该方案。白令公园最后的设计完全是另外一种空间构图。索伦森从未来主义绘画中汲取灵感，通过椭圆、S 形曲线和直线的几何构成，设计了一个简洁但充满变化的都市公园。

白令公园基地近似三角形，周围多是 4～5 层的住宅。公园的平面非常简单，基本结构就是在浓密的橡树林和杜鹃灌丛中开辟出的一片椭圆形空地、一条 S 形草地和三条直线的穿越道路。公园南面原来有一栋建筑，现已拆除，形成了朝向城市的开敞面。其余三面均以斜坡地形或挡墙作为公园与城市道路的分隔。红色砂岩的干垒斜墙形成了种植池，里面茂盛的灌木、攀缘植物和多年生植物形成了绿色屏障，分隔了公园的内外空间。挡墙内侧形成了安静的散步道。公园的中心是椭圆形的空地，周围环绕着弧形挡墙，挡墙最高约 2m，沿弧线递减直至消失在地面。当人们沿矮墙行进时，感受着变化的体验。三条直线道路在北侧和东侧穿越了椭圆，顺势在道路和挡墙之间形成了广场。靠广场的挡墙上有纪念航海家白令的雕塑，由两门大炮和一幅铜的浮雕地图组成，地图描绘了航海家的探险路线。椭圆的外围是 S 形草地，高大的橡树使流线形的草地空间与城市分隔，浓密的杜鹃灌丛勾勒出了清晰的林缘线，创造了明确而舒适的休息空间。

公园距火车站仅百米之遥，周围又有许多居民，公园同时具有交通与休闲的功能。对此，索伦森有充分的考虑。直线道路为急于赶路的人们提供了捷径，曲线的草地和椭圆的空间又为散步和休息的人提供了休闲场所，空间相互穿插，但功能互不干扰。

白令公园运用了丹麦景观文化中的重要元素——林缘。开放的草地、密植的树林和灌丛、整齐而富有变化的林缘线构成了明确的植物空间，形成了非常具有丹麦特色的景观。植物的柔和形式和自由的种植方式与直线型的步道也形成了强烈的对比。

在植物种植上，白令公园的设计体现了现代景观艺术性与科学性的统一。公园中的主要植物——橡树和杜鹃，都喜好酸性土壤。橡树不仅为喜荫的杜鹃创造了良好的生长环境，而且，橡树的树叶含有酸性物质，落叶后有助于保持土壤的酸性，促进两者的生长，橡树林与杜鹃丛，构成了一个生态群落。

01　平面图
02　沿着弧形挡墙的铺装广场
03　橡树林下杜鹃灌丛界定出的S形草地

白令公园／Vitus Bering's Park

04 纪念航海家白令的雕塑
05 椭圆形中的开阔草地与公园朝向城市的开敞面
06 穿过铺装广场的直路，两侧矮墙富于变化
07 直线道路与S形林缘的对比
08 直线道路与S形林缘的对比

09 公园与城市干道的隔离，斜挡墙上的灌木分隔了空间
10 象征美好生活的雕塑
11 有明确边界的椭圆形草地
12 以斜坡地形作为公园与城市的分界

白令公园／Vitus Bering's Park | 107

12 Råcksta墓园/ Råcksta Cemetery

地点：瑞典，斯德哥尔摩附近的魏林比 / Vallingby，Sweden
设计师：马汀松 / Gunnar Martinsson
设计时间：1958

  Rckåsta 墓园四周用较陡高的草堤界定，部分草堤爬满了野蔷薇，草堤成为墓园与外面建筑和娱乐区的一道绿色的屏障。两个种满松树的小山，将墓地分为两大部分，一边是记忆树林，另一边是开敞的草地，草地上种有白蜡、樱桃树和橡树。方形墓碑几乎是平卧在草地上，沿着直线排列。在微微起伏的地形中，草地上的卧碑如同从长满松树的山林中发射出来的条条白线。这些透视感极强的排列成直线的墓地，又通过极缓的坡度逐渐消失在山林中，仿佛是完成生命在自然中的轮回。

  墓地间乔木稀疏种植，视线开阔，平卧的墓碑被墓前的各色花卉所掩饰，行进其中如同在公园。

  马汀松一直偏爱运用的正方形在这个设计中也有体现，如墓园小教堂前的庭院就是一些正方形的母题。

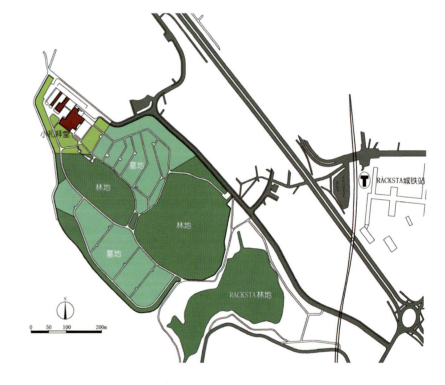

01 平面图

02　入口附近小教堂前的椴树阵
03　小教堂庭院中正方形和圆形组成的水池
04　分隔墓园内外的草堤

05　道路消失在林间，仿佛通往天堂
06　透视感极强的直线的墓地消失在山林中
07　草堤分隔了墓园与园外的住宅

08 草堤、灌丛和嵌草的道路
09 视线开阔的墓地
10 密实的林缘、大片草地、疏密有致的乔木种植构成墓园的特色

13 Marna花园/Marna's garden

地点：瑞典，Södre Sandby/ Södre Sandby, Sweden
设计师：S.I.安德松/ Sven-Ingvar Andersson
建成时间：1960

　　Marna 花园是 S.I. 安德松在瑞典南部的自家花园，其平面布局主要是基于对防风的考虑，各种各样的绿篱围合成线形和方形的空间，形成明确的空间界定。仅在西边，没有明确的边界，视线通透，阳光也可以斜射进来。

　　S.I. 安德松创造了一种"篱墙"的景观，绿篱墙高度局部达到4m，形成一个有感召力的结构，形成便于接近和利用的场地及开放或郁闭的空间。一些有着墙体或隧道效果的篱墙，成了分隔花园空间的基本骨架，构建出花园的结构和秩序。S.I. 安德松意在让绿篱的生长变化按照空间造型的结构自己演化，让时间和环境来构成花园的复杂性。

　　S.I. 安德松把飞鸟的形象抽象出来，用修剪的绿篱塑造成一些近似的 U 形，成为竖向构图、视觉通道和框景的要素。他把画家用色彩来表现的飞鸟转化成用绿篱来表现，这些富有动感的"飞鸟"绿篱与低处的修剪成圆形的、富有稳定感的绿篱形成对比。修剪的绿篱作为受约束的形，未修剪的绿篱作为自然的形形成精细的对比。精心塑造的艺术性空间，提供了能够进行多种家庭活动的场地，从野餐区域到小花圃区域等等，并且能够适应新功能的需要。

　　S.I. 安德松认为，"好的公园就像莎士比亚的戏剧"，景观是一个永不谢幕的发展着的戏剧，景观的感官体验要经过日积月累地积淀，同时景观也就在这个过程中形成。

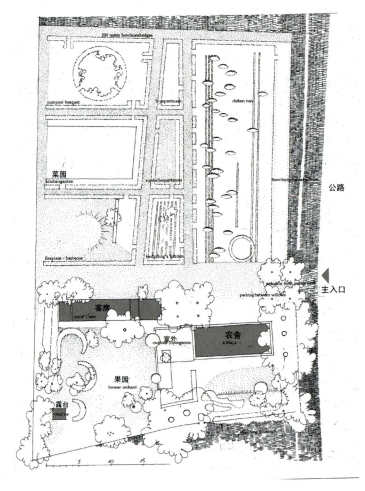

01　平面图
（底图由S.I.安德松事务所提供）

02 圆形绿篱形成的水平面与竖向高的绿篱的对比

02　入口处的花园

03　绿篱造型

05　"飞鸟"绿篱的空间动势
06　不同的绿篱和树木环绕着花园中的露台建筑

14 赫宁美术馆花园及外环境/ The Gardens of Herning Art Museum and Birk Quarter in Herning

地点：丹麦，赫宁/ Herning, Denmark
设计师：索伦森、S.I.安德松/ Carl Theodor Sørensen、Sven-Ingvar Andersson
建造时间：1963～1993

位于赫宁美术馆的一组景观作品是索伦森的代表作，赫宁也因之获得了艺术之城的身份。这一组作品包括了雕塑花园(Sculpture Garden)、博物馆内庭园(inner court)、几何花园(Geometric Garden)等，索伦森用极其简单的形式使馆舍环境与丹麦广阔的自然之间建立了默契的联系，构成了相当有震撼力的大地景观。

几何花园的历史可以追溯到20世纪40年代。1945年，为纪念丹麦航海家白令(Vitus Bering)，索伦森的故乡Horsens市邀请他设计一个纪念公园。索伦森作了一个几何花园的方案，花园由建在草地上的绿墙围合的一系列"花园房间"组成。一共9个构图单元——一个大椭圆，一个小圆，中间是相距3m依次排列的几何形：一字形、三角形、正方形、五边形、六边形、七边形和八边形，这些几何形的边长相等，都是10m，当边数增加时，形状也就扩展了。每个几何形墙的高度都不一样，从人的视线到3倍于人的尺度。这些"房间"可以容纳不同的功能，有的放雕塑，有的是水。这样，当游人从这些不同形状的"房间"中穿过时，整个空间的构图就能被体验。索伦森将这个花园称为"音乐花园"——曲线和直线的变奏表现了与音乐相同的感染力。他认为这是自己曾经做过的"最美的设计"。可惜这一方案没有被市议会接受。

1956年，纺织企业家Aage Damgaard邀请索伦森作花园设计师和私人顾问，开始了他们多年的合作。在该企业家的位于赫宁的Angli IV衬衫厂，索伦森实现了几何花园的设计，为工人提供了令人愉悦的室外空间。由于基地稍小，在这里减去了八边形的房间，并且山毛榉绿篱取代了原来音乐花园中爬满蔓藤的石墙。

后来衬衫厂外移至赫宁的Birk区，索伦森对整个新工厂的设计起到了重要作用。1963年，他设计了圆形工厂建筑的草图，即现在的赫宁美术馆。圆形的建筑围合了绿色的庭院，狭窄的入口，微微上升的坡路，在圆墙和天空的背景下，塑造出一种崇高的感觉。庭院内空无一物，惟有微微起伏的草地和长长的墙面上的艺术家Carl-Henning Pedersen的陶瓷壁画。天空、壁画墙、草地形成了简洁而富有感染力的如同大地艺术般的作品。索伦森还为后来的Carl-Henning Pedersen & Else Alfelt 博物馆规划了位置。

在圆形工厂的后面，索伦森设计了一个直径为180m的圆形雕塑花园，花园的四周环绕着稠密的橡树林，在树林的边缘有一圈15m宽的环状平台，沿半径方向种植的山楂树篱将平台分为36个放置雕塑的小空间。花园的中心是低于平台1.5m的开阔的草地。

1981年，为庆祝丹麦景观师协会成立50周年，也为迎接索伦森诞辰100周年（1993年）的到来，决定在赫宁美术馆重建"几何花园"。新的设计工作由S.I.安德松负责，索伦森的女儿也提供了帮助，花园于1983年开始建造。在雕塑花园一侧的树林中开辟了一块椭圆的林中空地，几何花园就位于这块草地上。几何房间的边长是11m，由山毛榉树篱构成。安德松不仅重建了"几何花园"，还规划了美术馆所在的城市区块以及未来建筑的位置等等。

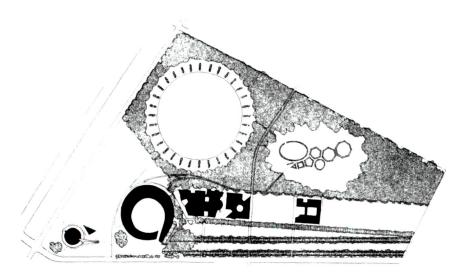

01 平面图
（引自Guide to Danish Landscape Architecture：1000～2003，p221）
02 鸟瞰图
（引自C.Th.Sørensen—Landscape Modernist，p73）

赫宁美术馆花园及外环境/ The Gardens of Herning Art Museum and Birk Quarter in Herning | 117

03 圆形美术馆建筑与建筑入口外的树丛
04 圆形建筑庭院中的草地、壁画墙与天空形成了简洁而富有感染力的景观
05 雕塑花园中陈列雕塑的环状平台，中心是下沉的开阔草地

06 雕塑花园的环状平台被绿篱划分为36个放置雕塑的小空间
07 几何花园由高低不同的山毛榉树篱构成
08 通向几何花园的入口

09　从外部看几何花园的圆形和七边形绿篱
10　椭圆形绿篱空间内部，人与自然的对话

11　几何花园的内部如同一个个绿色的房间
12　穿越不同的几何房间，空间在不断地变化
13　不同几何体之间的空间同样具有空间的流动与转换

15 Höganäs市政厅庭院/ City Hall Square in Höganäs

地点：瑞典，Höganäs / Höganäs, Sweden
设计师：S.I.安德松 / Sven-Ingvar Andersson
建成时间：1963

　　Höganäs市政厅庭院设计体现了S.I.安德松一贯关注的明确的空间界定。市政厅办公用房成周边式布局，水池是庭院的中心，四周通透廊架形成的灰空间成为水池与建筑和周边环境的过渡。廊架标示出庭院内外的区别，也与建筑和树阵、绿篱等要素一起构成不同程度的开敞空间。庭院主入口处的挪威槭树阵，修剪齐整，每排6棵，共4排。每排树的树干都与庭院水池周围廊架的柱子准确对应。在明确的边界限定中，不同界面之间又有着某种对位关系。

　　Höganäs市政厅庭院尺度宜人，环境非常平和、亲切，真实反映了瑞典这个国家内在的民主平等思想。廊架、绿篱、水池创造出简单纯净的视觉空间，当你行走在其间或停留凝视片刻时，又会被喷泉的声音、树梢的摇曳、花朵的清香和天空云彩的游走所深深吸引，这些就是S.I.安德松在平和和纯净中追求的丰富体验。

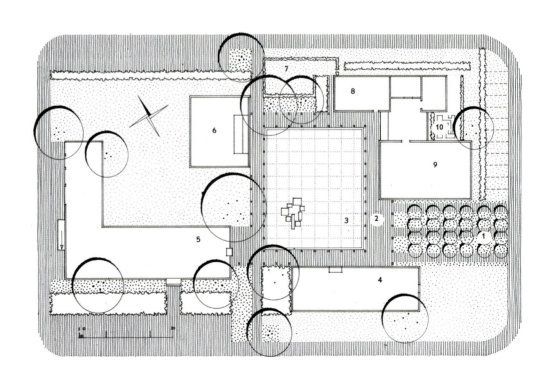

01 平面图
（引自Festrskrift Tilegnet：Sven Ingvar Andersson,p26）

02 从街道看市政厅,挪威械树阵成为入口的引导
03 挪威械树阵,树干与廊架的柱网对应

Höganäs市政厅庭院/ City Hall Square in Höganäs | 123

04 柱廊的灰空间

05 水池和喷泉是庭院主景
06 水上花池的形式与喷泉基座的方形近似
07 从庭院望入口处

16 赫尔辛基理工大学主楼环境/The Grounds of the Main Building of the Institute Technology in Otaniemi

地点：芬兰，艾斯堡的Otaniemi / Espoo, Finland
设计师：阿尔托 / Alvar Aalto
建成时间：1964

二战后赫尔辛基理工大学迁到赫尔辛基西部的Otaniemi。1949年阿尔托赢得了设计新校园的竞赛。校园占地250ha，就像一个大农场，有树丛、小路和公园，不同的院系建筑融于景观之中。校园的规划中，明显可以看到古希腊城邦的影响。容纳了测量系和建筑系的主体建筑位于一个小山上，建筑成阶梯形布局，顺应地形跌落，建筑与建筑间形成U形的庭院。在第一次规划中，中心广场被设计成像雅典卫城一样的高台效果。最后一轮方案中，这种卫城的效果消失了，但主报告厅前面的室外剧场却强化了对希腊的引喻。室外剧场由主楼报告厅的部分屋顶形成，其形式依然延续了阿尔托的信念——室外剧场是人类交往的理想形式。

赫尔辛基理工大学主楼前环境以宽大的草坡台地来处理地形的变化，完成建筑到环境的过渡。简洁的绿色草坡台地塑造出主楼建筑群的高大，也突出了主楼在校园中的标志作用。

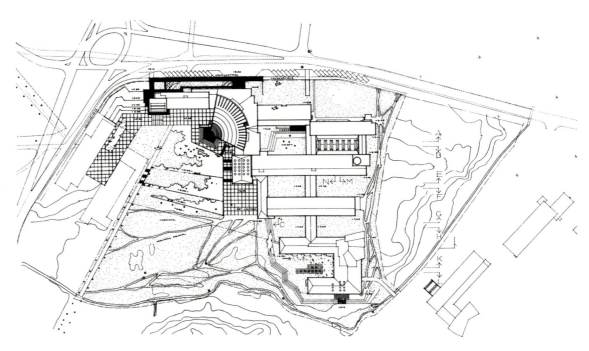

01 平面图
(引自Alvar Aalto：vol.2(Birkhäuser出版),p186)

02 主楼前的环境
03 建筑形成U形庭院,通过草坡过渡到主楼前的草地
04 草坡台地连接起建筑和环境

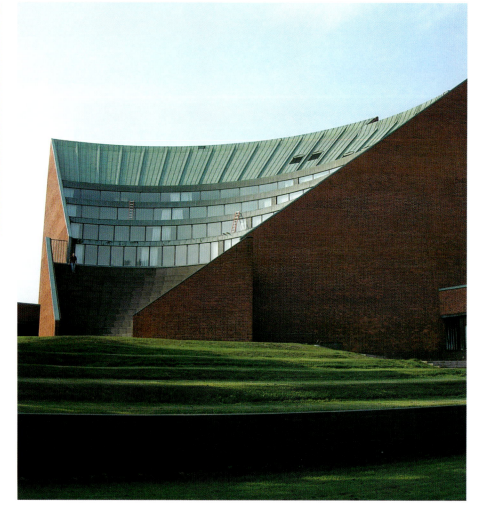

05　高大乔木成为草坡台地的空间限定要素
06　草坡台地局部
07　草坡台地、室外剧场与礼堂屋顶造型的协调

08 天空、一字形草坡挡土墙和疏密有致的树丛形成的空间层次
09 建筑和草坡台地间的过渡
10 草坡台地局部
11 庭院局部

17 Sonja poll花园/ Sonja poll's garden

地点：丹麦，根特夫特 / Gentofte, Denmark
设计师：索伦森 / Carl Theodor Sørensen
建成时间：1979

　　Sonja poll 花园是 1970 年索伦森为他女儿设计的私家花园。基地是一个三角形，3m 高的椭圆形山毛榉篱将基地分成两部分，内部是私密的花园，外部形成对街道的开放空间。设计运用了螺旋线、圆形、椭圆和微妙的地形变化形成了简洁而丰富的空间。矩形平面的住宅与椭圆树篱相交，房子的大部分在树篱围合的花园内。花园主要由一个碗状的下沉庭院和上部的缓坡花园组成，二者之间通过螺旋线连接，形成两个既相对独立又相互联系的流动空间。朝向下沉庭院的门原为住宅半地下室的一扇窗，索伦森设计花园时，将其改为门，在前面布置了一个圆形的铺装区域，周围的坡地上种满了常春藤，形成一个开敞的但又有空间限定的下沉场地。螺旋线小径从下沉庭院沿缓坡上升，连接了住宅的一层入口。在螺旋线的运动中人们可以体验到不同标高的花园景致的连续变化。

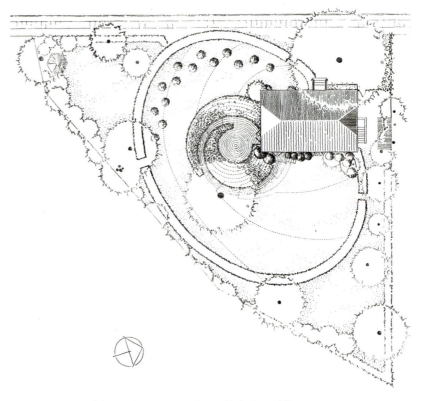

01　平面图（引自C.TH.SØRENSEN—Landscape Modernist,p133）

02　下沉庭院使住宅有了生气
03　碗状的下沉庭院通向住宅的半地下室
04　简单的螺旋线形成的花园空间

05　木台阶作为住宅入口与花园的过渡

06　花园景色

07　花园一角

08　草地中的花池
09　从住宅入口俯看常春藤地被的坡面与椭圆绿篱形成的动感空间

18 Havnegade庭院/ The Courtyard on Havnegade

地点：丹麦，哥本哈根 / Copenhagen, Denmark
设计师：Charlotte Skibsted
艺术家：Birgit Krogh
面积：2000m²
建成时间:1990

Havnegade 庭院位于一个三角形街区的内部，三面是临街的连续的住宅，住宅底层的通道联系了街道和庭院。这个庭院的改造设计是 Gammelholm 街区更新的一部分。设计中一条修剪整齐的山毛榉树篱画出一条柔和的蛇形曲线，蜿蜒在场地中心的草地上，并为娱乐、游戏等活动围合出一个个小空间。沿着建筑的立面则分布着不同类型的休闲空间，提供了休息与交流的场所。一条弧形道路切开了绿篱，联系了庭院的南北方向。建筑立面的格子架引导着绿色的植物向上攀爬，使这个空间既和谐又绿意盎然，苍翠欲滴。

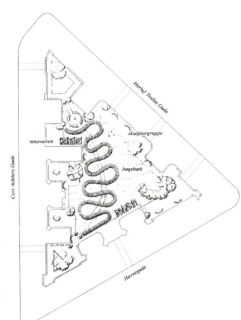

01　平面图
　　（引自Guide to Danish Landscape Architecture：1000～2003, p232）
02　绿篱、弧形道路和攀爬着绿色植物的建筑立面

03 弧形道路切开了绿篱
04 曲线的山毛榉树篱
05 山毛榉树篱划分了空间
06 建筑前的休闲空间提供了休息与交流的场所
07 沿着建筑的立面分布着不同类型的休闲空间
08 不同类型的休闲空间

注:本实例照片均为张晋石摄

19 阿克塞尔广场/ Axeltorv

地点：丹麦，哥本哈根/ Copenhagen, Denmark
设计师：布雷延/ Mogens Breyen
艺术家：默勒/ Mogens Møller
建成时间：1991

阿克塞尔广场位于哥本哈根市著名的游乐公园蒂伏里（Tivoli）主入口的对面，联系了公园和其西北方向的其它娱乐设施。广场的设计以太阳系为主题，三个主要构成元素：地面、水池和青铜瓶状雕塑分别代表大地、水和火。地面为浅灰色花岗岩铺装，向东北方向微微倾斜。广场的中心是象征着太阳的圆形水池，由深色大理石砌成，并有金色马赛克装饰圆环。圆角的花岗岩池壁处在一个绝对的水平面上，使水池具有了镜子般明亮光滑的效果。广场西边，九个青铜的瓶状雕塑竖立在花岗岩基座上，整齐地排列在红色石条带上，象征着九大行星。雕塑之间的距离是由行星在太阳系中的实际距离决定的。这些雕塑的顶部装有喷嘴，不时的喷出蒸汽和火焰，给广场带来生气。平行于青铜雕塑是一排整齐的椴树，树下是自行车停车处。广场朝阳的另一侧，用深色石块分割出了4m宽的咖啡区，提供了舒适的休息环境。

阿克塞尔广场的设计十分简洁，其安静和简朴的空间环境与对面的蒂伏里公园里熙攘的人群和喧闹的游乐活动形成鲜明对比，也使它成为行人和游客休息和品尝咖啡的好去处。

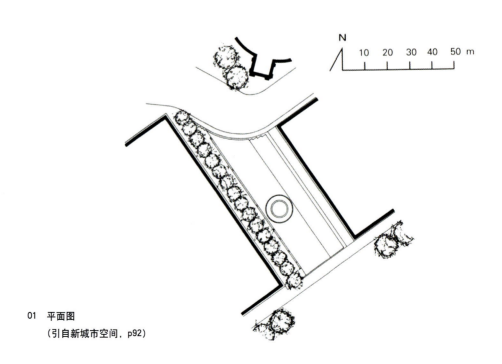

01　平面图
（引自新城市空间，p92)

02　广场联系了蒂伏里公园和其它娱乐设施
03　设计简洁的广场位于蒂伏里公园主入口的对面
04　象征着九大行星的青铜瓶状雕塑

05　喷出蒸汽的雕塑和街对面的蒂伏里公园主入口
06　雕塑不时喷出蒸汽和火焰,给广场带来生气和变化

07 青铜雕塑，象征着太阳的圆水池及建筑前的咖啡座
08 青铜瓶状雕塑喷出袅袅的蒸汽
09 水池具有镜子般明亮光滑的效果

阿克塞尔广场／Axeltorv | 139

20 老广场和新广场/ Gammeltorv & Nytorv

地点：丹麦，哥本哈根 / Copenhagen, Denmark
设计师：都市建筑事务所、S.M.安德森、劳尔森/ Stadsarkitektens Direktorat, Sanne Maj Andersen, Leif Dupont Laursen
面积：8000m²
建成时间: 1992

老广场（Gammeltorv）是哥本哈根最古老的广场，位于历史上的城市中心，曾经作为哥本哈根第三个市政厅的广场。后来市政厅后面的建筑被拆除，形成了新广场(Nytorv)。1795年大火将市政厅完全烧毁，两个广场连为了一体。二战后这个广场一度被用做停车场，1960年代在城市改造中又部分地变成了步行区。直至1992年的改建，才形成今天这个完全步行的广场。

广场从北到南大约有4m的高差，和步行街一样，都铺上了传统的花岗岩石块路面，强调其统一性。广场的轮廓依靠周围的建筑限定，开敞的广场也为建筑群创造了一个相宜的前景，使建筑立面得以显现，空间因此形成。看似平坦的地面有着丰富的铺装和高差的变化，广场的历史通过地面的细部变化讲述给参观者。过去的市政厅原址用长方形的水平面标示出来，与坡地之间的高差形成了台阶，建筑的平面轮廓和相关的信息被刻在地面一块六边形的石板上。南边，一个坐凳高度的基座标示出老的绞刑台的轮廓。

广场上很少的凸起物——喷泉、小卖亭、两株树和一些古老的街灯划分了广场空间。老广场上的加里塔斯（Caritas）喷泉可追溯到1608年，其一度是城市供水系统的纪念物，今天已是受欢迎的城市休闲场所，周围坐满了休息的人。广场一侧的小卖亭为休闲的人群提供了饮料和点心。平时，广场摆满了咖啡座，在市中心购物闲逛的人们喜欢在这里休息，观看穿梭的人流，节日里，广场又会成为露天演出的场所。

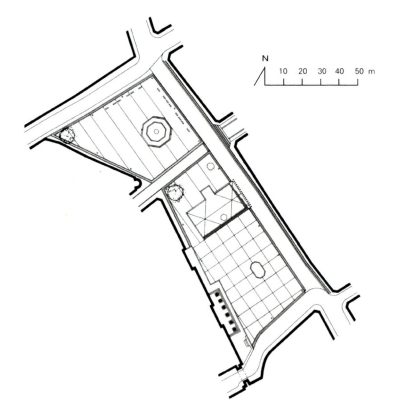

01 平面图（引自新城市空间，p88）

02 露天咖啡座烘托了广场的气氛
03 开敞的广场使建筑立面得以显现
04 广场的轮廓依靠周围的建筑限定，看似平坦的地面有着丰富的变化

05 水平的市政厅原址与坡地之间形成了台阶
06 布满露天咖啡座的广场，高起的基座标示出老的绞刑台的轮廓
07 白色石板标示出老市政厅的轮廓

08　刻有建筑平面和相关信息的石板
09　小卖亭和露天咖啡座
10　历史悠久的加里塔斯喷泉

老广场和新广场/ Gammeltorv & Nytorv

21　阿马格广场／Amagertorv

地点：丹麦，哥本哈根／Copenhagen, Denmark
设计师：克里斯托弗森（都市建筑事务所）／Thomas Christoffersen（Stadsarkitektens Direktorat）
艺术家：挪加德／Bjørn Nørgaard
面积：3000m²
建成时间：1993

阿马格广场位于哥本哈根的中心，城市的主要街道斯特勒格街(Strøget)在阿马格广场向两侧拓宽，形成了一个喇叭形广场。中世纪晚期，由于靠近码头，它曾经是一个繁忙的商贸之地。1962年，随着斯特勒格街成为步行街，阿马格广场也部分清除了公共交通。此后，广场又经历了几次改造，到80年代，广场上聚集了水果摊和露天咖啡座，中心为一小块绿地，有通向地下厕所的入口，四周布置着坐椅，喷泉周围坐满了人。

1993年，阿马格广场经过重新设计。当时，由于城市中其它广场改建的成功，引起了人们对城市公共空间的兴趣，因此阿马格广场的改建顺利地得到了大量的私人捐助，包括来自广场周围的艺术品商店的捐助，私人捐助占到了全部工程费用的40%，广场精美的设计得以实施。新的设计简化了广场的空间和设施，使之成为一个全铺装的硬质广场，最大限度地为市民提供了更多的休憩和聚会场所。新广场保留了喷泉和地下厕所，并在两侧适当地安排了一些座椅。地面铺装是改造的特色与重点。根据雕塑家伯杰·挪加德设计的精美而复杂的图案，用5种花岗岩石板——粉红、黄色、黑色、深灰和浅灰铺砌，构成了一种连续的星形图案，如同一块美丽的地毯。广场的视觉中心是位于一端的一座装饰着大鸟的喷泉，周围的星形图案环绕成圆形。与此对应，在广场的另一端，铺装形成了一个较小的圆，中心装饰着铜盘，铜盘中的螺旋形图案令人联想起北欧石刻中的太阳符号。雨天，优雅的铺地图案分外醒目，是欣赏它的最好时候。

改造之后的阿马格广场每天熙熙攘攘，游客和市民都经过这里，周围繁华的商店和咖啡馆使广场充满了活力。今天，它是哥本哈根市民聚会的好去处，也为街头音乐家和表演者提供了极佳的露天舞台。

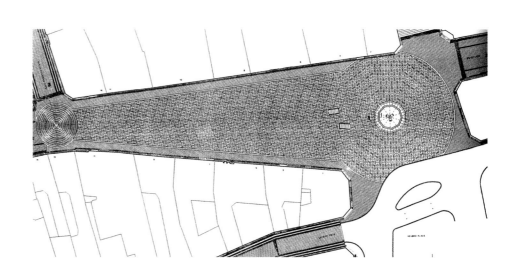

01　平面图
（引自Topos edit：Urban Squares, p58）

02 广场是位于市中心的喇叭形城市空间
03 广场的视觉中心是位于一端的一座装饰着大鸟的喷泉

04　广场的另一端用铺装形成了一个较小的圆,中心装饰着铜盘
05　周围繁华的商店和咖啡馆使广场充满了活力

06 广场的两侧适当地安排了一些座椅
07 地面用5种花岗岩石板构成了一种连续的星形图案，如同一块美丽的地毯

22 海尔辛堡港口广场/ Helsingborg Harbor Square

地点：瑞典，海尔辛堡/ Helsingborg, Sweden
设计师：S.I.安德松/ Sven-Ingvar Andersson
建成时间：1993

像欧洲许多港口城市一样，海尔辛堡（Helsingborg）在港口搬离了城市历史文化中心区后，形成了新的城市公共空间。在这片区域中，S.I.安德松设计了港口广场，并把区域中现有的和历史的要素联系在了一起，同时解决了汽车、自行车和人行的交通问题。

广场西朝内港、东靠繁忙的大街和古老的历史街区，南面是中心火车站，北面原有的港区是新建的居住和文化建筑。广场其实是朝向内港的宽阔的步行区，其中，红色混凝土标出了自行车道的位置。一些花岗岩矮墙和旗杆将城市道路与朝向内港的步行和休息区域分开，矮墙前设置了一些蓝色的座椅，旁边的小卖亭提供了饮品和点心，为人们创造了一个休憩和欣赏港口风景的场所。广场上布置着一组组大花钵，鲜艳的花卉和绿色植物为广场带来了生气。

岸边，花岗岩及金属的矮柱和铁链保护着行人，并形成海港的气氛。最精彩的是海与岸之间的金属环状喷泉。水从金属环上分三注喷出，远远地落入海水中，成为海港广场的象征。在通向历史街区的主要路口的两侧，S.I.安德松安排了两个圆形喷泉，给人们一种进入港口的印象。这两个喷泉水池在形式上似乎受到西班牙建筑师高迪（Antoni Gaudi）的启发，利用回收的陶瓷拼贴成美丽的蓝色水盘。水从中心涌出，沿蓝色陶瓷壁缓缓流下，产生一层很薄的水膜，波纹、光线和水声每时每刻都在改变，形成一个不停变化的场景。

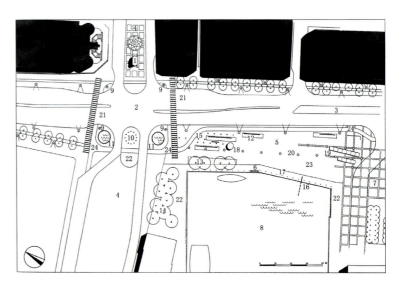

01 平面图
（引自 Francisco Asensio Cerver: Redesigning City Squares and Plazas, p46）

1. 雕塑
2. 十字路口
3. 分车带
4. 市镇广场
5. 国王广场
6. 台阶
7. 车站
8. 内港
9. 高杆灯
10. 灯柱
11. 蓝色马赛克喷泉
12. 花岗岩墙和坐凳
13. 柳树
14. 原有树木
15. 旗杆
16. 喷泉
17. 铁链栏杆
18. 售货亭
19. 自行车停车处
20. 灯柱
21. 斑马线
22. 石铺装场地
23. 水泥砖铺装场地
24. 自行车道

02 喷泉、旗杆、街灯和矮墙是广场上的主要要素
03 矮墙将车行与朝向大海的步行和休息区域分开
04 矮墙前设置一些座椅和花钵,为人们提供了欣赏港口的地方

海尔辛堡港口广场/ Helsingborg Harbor Square

05 广场上的陶瓷贴面喷泉

06 蓝色陶瓷喷泉细部
07 火车站前的喷泉雕塑
08 向海港喷水的金属环状喷泉

23　科灵假日住宅/ Kolding Byferie

地点：丹麦，科灵/ Kolding, Denmark
建筑师：哈斯内、杰斯特森/ Troel Hasner, Ole Justesen
景观师: 格拉潘（景观规划事务所）/ Gruppen for by- og landskabsplanløgning
面积: 20000m²
建成时间: 1994

　　大多数丹麦人都会把假日与大海和沙滩联系起来，就像丹麦整个西海岸400km长的露营地和别墅带所体现的一样，如果不加禁止的话，这条假日别墅带在长度上和密度上仍然会继续增加。1990年由丹麦"劳动力市场假日基金会"（Labour Market Holiday Fund）和丹麦建筑师协会共同举办了概念设计竞赛，寻求"丹麦的新型假日"（New Kinds of Holidays in Denmark）。在100多份方案中，一个有趣的概念被选中，这个概念就是"城市中的假日"。其基本思想是：在停留期间，游客就是居民，没有必要单独建造专门为游客服务的假日设施，城市中的现有的商场、饭店、公园和娱乐设施等都可以提供给游客，并吸引着游客，游客在这样的环境中还可以感受到丹麦人的真正生活。这样的服务设施更加经济也更具特色。这个城市假日的概念就是创造一种独特的合理价位的公寓。

　　科灵是最早被选为试验这种新思想的城市之一。这个假日住宅区位于科灵老城，朝向Slotssøen湖，位置得天独厚。但假日住宅不能破坏从城市看湖的风景，并要与周围的建筑很好地融合。设计师创造了一个融于城市天际线和湖边树木的假日住宅区。小巧可爱的三角形、星形、方形、长方形和圆形等住宅建筑成组地分布在湖边绿茵茵的草地上，树木点缀其间，宛如童话世界。设计师试图创造一种亭子坐落在花园中的印象，虽然后来建筑的密度超过了原来的估计，但外部空间的简洁和相对开敞，使这一感觉依然存在。

　　建筑上宽大明亮的玻璃窗与黑色的木板墙形成对比，便于接受夏日温暖的阳光，也将湖光山色尽收眼底。建筑的一部分外墙可以升起，形成有屋顶的天井。各种形状、错落布置的建筑之间形成了变化的外部空间，因此景观的设计被删减到最少，以突出这种空间特点。每栋建筑的外面，一小段曲线绿篱围合了一个小的室外进餐区，提供了半私密的空间。攀缘植物顺着钢架爬上建筑。一条小路穿行在假日住宅之间，联系了各个建筑的入口，并通向湖边的一个圆形平台。这个平台是城市沿湖散步道的重要节点，可以尽揽Slotssøen湖和湖边Koldinghus古堡的美景。

　　假日住宅一共包括了85套公寓，每套可容纳2至8人，其中一部分是适于残疾人的。假日住宅建成后非常受欢迎，它比旅馆便宜，又比露营区舒适得多，而且可以享受城市生活的方便和乐趣，每年的6月到10月，都吸引了大量的丹麦人、挪威人、荷兰人和德国人来这里度假。游客的增多，对老城的经济也起到了促进作用，假日住宅区北面的游泳中心为此修葺一新，新的商店、咖啡馆和艺术画廊也在附近街道开业。新型的度假方式促进了城市的发展。

01 平面图
(引自Topos Edit: Landscape Architecture in Scandinavia, p76)
02 假日住宅与周围的建筑很好地融合在一起
03 假日住宅由一些三角形、星形、方形、长方形和圆形的建筑组成,宛如童话世界

科灵假日住宅/ Kolding Byferie | 153

04 景观的设计非常简练，以突出多变的外部空间
05 建筑前半私密的空间
06 曲线绿篱在每一栋建筑旁围合出一些室外进餐区

07　在湖边的圆平台上可以尽揽Slotssøen湖和湖边Koldinghus古堡的美景

24　哥本哈根市政厅广场/ Copenhagen City Hall Square

地点：丹麦，哥本哈根/Copenhagen，Denmaek
设计师：KHR AS 建筑事务所/ KHR AS Arkitekter
艺术家：宾得斯伯、斯考夫格德/ Thorvald Bindesbøll，Joakim Skovgaard
面积：步行区域6000m²
建成时间：1995

　　市政厅广场位于哥本哈根的市中心，是各种大型公共活动——皇家婚礼、阅兵仪式、节日庆典和政治游行等的场所。广场四周的街道形成了一个重要的交通网络，丹麦全国的路标和里程碑上所标的公路里程的起算点就是这个广场。

　　实际上，在一个多世纪以前，这个地方还只是城门外的一个市场。20世纪初，这里被选为新市政厅的所在地。建筑师 M. Nyrop 设计了意大利风格的红砖市政厅和钟塔，并模仿意大利锡耶那(Siena)的坎波广场（Piazza del Campo）设计了一个下凹的贝壳形状的广场，于1905年建成。但很快，随着交通的发展，广场的贝壳形状消失了。20世纪50年代，广场四周建起了新的商店、旅馆和办公楼，有轨电车、公共汽车和小汽车的交通占用了广场的大片面积。1979年，为了恢复市政厅广场原有的魅力，举办了重新设计广场的竞赛。获奖作品于1995年建成，适逢当年哥本哈根成为欧洲文化之城。

　　新的设计重新组织了交通，将原来东西向的 Vesterbrogade 大街的一部分纳入广场，阻断了机动车的通行，也使广场成为了进入哥本哈根主要步行购物街 Strøget 的入口。公共汽车站位于广场的西北面，几排枫树减少了交通对广场的影响。一栋水平向的黑色建筑矗立在这里，中间留有步行通道通向汽车站，形成了广场的西北界。这个简洁的现代建筑与广场另一端的市政厅遥遥相对，风格与周围的建筑形成了鲜明对比，不仅在功能上作为公共汽车终点站和城市的问讯中心，同时在广场的空间限定上也起到了重要的作用。

　　广场西南面原来 Nyrop 设计的带栏杆的平台成为市政厅与广场之间的过渡。广场的中心是开阔的步行空间，通过将广场的三条边抬高三级台阶，形成了一个碗状下沉的大空间。这样一种结构不仅减少了三面交通的影响，使广场获得了清晰的领域感，同时，也是广场历史的延续。"碗"的中心是开敞的，适合各种活动，两侧布置了坐椅和花钵，突起的地面引导视线朝向内部。小卖亭周围形成了露天咖啡座，各个年龄的人们三五成群地喝上几杯咖啡或者欣赏街头音乐家的表演，展示出一种无忧无虑、轻松自在的生活方式。广场的铺装用黑色的菱形花岗岩和混凝土板拼成精致的之字形斜向条纹。两种材料之间色彩和反光程度的细微差别，在不同的天气和光线条件下呈现出微妙的变化。

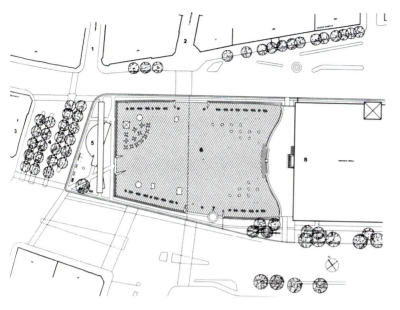

01 平面图
　（引自Topos edit：Urban Squares，p65）
02 市政厅广场容纳了各种各样的活动
03 广场的中心是开阔的步行空间

哥本哈根市政厅广场/ Copenhagen City Hall Square | 157

04　喷泉、广场和远处的城市商业街
05　新建的黑色公用建筑在广场的空间限定上起到重要作用

06 新建的黑色建筑成为公共汽车终点站和城市问讯中心
07 小卖亭周围是露天咖啡座
08 新建筑与周围的老建筑形成了鲜明的对比

09　透过新建筑中的步行通道看市政厅
10　新建筑中的步行道通向广场和城市中心商业区
11　新建筑另一侧的公共汽车站

12 广场通过与城市街道之间的三级台阶获得了清晰的领域感
13 花岗岩石板和混凝土板拼成精致的之字形条纹
14 市政厅前方两侧布置了坐椅和花钵，形成休息区

哥本哈根市政厅广场／Copenhagen City Hall Square | 161

25 Vejle城市公园/ The City Park Vejle

地点：丹麦，Vejle/ Vejle, Denmark
设计师：斯卡卢普/ Preben Skaarup
面积：15000m²
建成时间：1999

　　Vejle 城市公园位于新的音乐厅和市政厅之间，基址上曾经有个钢铁厂。受巴黎拉维莱特公园（Parc de la Villette）的启发，Vejle 市也希望通过公园的建设改善城市环境。1991 年由斯卡卢普设计的方案在竞赛中胜出。该方案成功地将南欧新公园的大尺度处理方式转译成丹麦小城市的尺度，并且通过简单的材料和精致的细部体现了丹麦建筑特有的品质。

　　公园的西面是新市政厅，东面是音乐厅，北面是一片住宅。设计师在南北两面种植成排的树木，使公园作为绿色空间得到很好的限定。

　　市政厅和音乐厅之间的轴线形成了一条宽阔的曲线步道，成为两栋建筑间的过渡，也是建筑的前庭。步道上成直线排列的灯柱标示了最短的交通流线，在夜晚成为一条光的轴线，而步道的曲线边缘又避免了轴线的生硬，两者形成鲜明的对比。铺装为大面积灰白色混凝土板镶嵌着深灰色花岗岩的斑马条。深蓝色小石块的波浪形区域作为曲线大道的镶边，丰富了视觉的体验，由步道的中心部分向外扩展，形成了几级下沉的台阶，朝向草地中的椭圆形平台，共同构成了一个露天剧场。轻质凉棚围合出小型的露天咖啡区和休息座椅，并延伸到椭圆形的下沉平台。

　　发源于城市附近山间的一条小河从市政厅前穿过，河流曾经被覆盖，现在重见天日，成为了公园的中心要素。设计师在这里设计了一个浅水池，一道狭窄的水坝将水池与小河分开。水池北侧朝向阳光的驳岸是长条的混凝土台阶，供人休憩亲水，另一侧是缓坡草地和大块天然砾石，象征了丹麦东部沿海多岩石的自然景观。水的中心是一个圆形的花岛，一串混凝土球排成曲线，从池塘一直延伸到草地中。水岸交界处有一组金属管的喷泉，吸引着孩子们进入游戏。

　　数十个不同尺度的椭圆形小山错落在公园周边的平坦草地上，丰富了公园的景观。公园靠居住区一侧的地形被抬高，获得内向的空间感。儿童游戏场分布其中，涂了焦油的木板挡土墙形成了庇护。成排的乔木斜向种植，排与排间成一定角度，使公园看起来绿色层次更丰富。每排是一个种树，如橡树、柳树、椴树、栗树、枫树等，看似不规则的种植又不乏某种秩序。成排的锈钢攀援架东西向平行地布置于两边的树列下，令人想起厂房拆去屋顶后剩下的结构。这一要素与遍及全园的钢铁构件一起，暗示着这里曾经有过的钢铁厂，追忆着基地已荡然无存的工业历史。

　　这个公园显示了 20 世纪 90 年代国际景观设计新潮流对丹麦的影响。在许多丹麦人看来，这个公园表现出来的丰富的设计手法，已脱离了丹麦传统的简洁风格。1995 年，该公园获得丹麦年度最佳绿色工程奖。

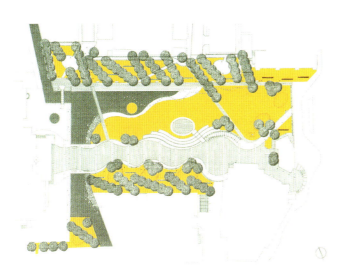

01 平面图（引自topos 19, p46）
02 自公园的东部看市政厅，草地上的椭圆形小山丰富了公园的空间
03 步道的曲线边缘既避免了轴线的生硬，也形成了一个露天剧场

Vejle城市公园/ The City Park Vejle

04 水池一侧是供人休憩亲水的混凝土台阶，一排混凝土球从池塘延伸到草地中

05 水岸交界处的金属管喷泉吸引着孩子们进入游戏

06　混凝土球既分隔了草地空间，也活跃了公园的气氛
07　混凝土球蜿蜒在草地和水面之间
08　曲线步道成为市政厅建筑的前庭

09　流经公园的充满自然气息的小河
10　花架是公园中的休憩场所
11　轻质凉棚花架围合出露天咖啡区

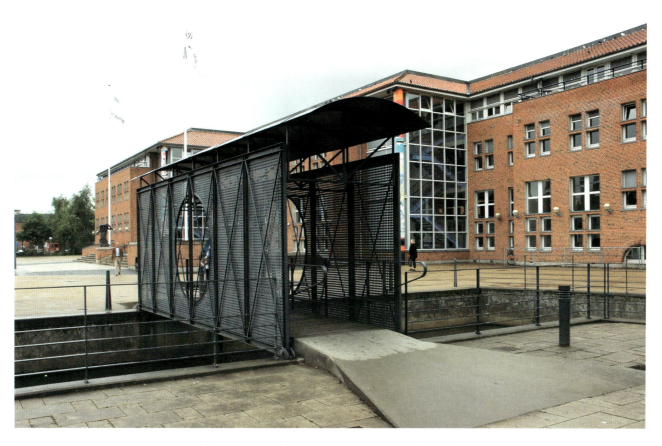

12　跨越在小河上的金属廊桥
13　成排的锈钢攀援架令人联想起基地的工业历史

Vejle城市公园／The City Park Vejle

26　圣汉斯广场/ Sankt Hans Torv

地点：丹麦，哥本哈根/ Copenhagen, Denmark
设计师：S.I.安德松/ Sven-Ingvar Andersson
建成时间：1995

圣汉斯广场位于哥本哈根旧城区的边缘，六条街道交汇于此，原来是一个繁忙的交通路口。在20世纪90年代的改建中重新组织了交通，将背阴的地方留作了道路，而将朝阳的西北部分建成了功能完善、充满活力的城市广场。

广场西北面靠着建筑，西南两面与四五层的建筑隔街相望，唯一开敞的东面朝向三角形公园中的一座教堂。广场既要满足大型的公共活动的需要，同时也要有一些亲切的小环境，成为人们休息的空间。雕塑家索伦森（Jørgen Haugen Sørensen）的大型雕塑"雨屋"，如同一个硕大的喷水"屋子"位于广场的中心。S.I.安德松以最佳的方式展示了雕塑的特点并很好地满足了广场的使用功能。他在雕塑旁设置了一组旱喷泉，水柱以不同的压力从地面喷出，再溅落下来，微微下陷的地面铺装形成了没有明确界限的浅池。喷泉、水声、倒影以及水中的涟漪吸引着人的视线，并且创造了一个孩子们玩耍的理想场地。举办大型活动时，水可以被排干，而这时候，雕塑并不是一种障碍物，相反，它一反雕塑的孤寂感而成为听众们休息的坐椅。场地略有起伏，与城市绵延起伏的景致相呼应，并缓缓地坡向"雨屋"雕塑。

广场用铺装、树木、灯具、坐椅等简单的要素划分空间，看似随意布置的各种设施形成了朝向中心雕塑的内向空间，有非常明确的向心感。雕塑的周围是步行和活动区，靠近建筑一侧则是各种休息区域。广场转角处原有的一棵树是人们熟悉的地标，新的设计在它周围形成了一个小坡，环绕了两段坐凳矮墙，供人休息并与街道形成了分割。靠近建筑，有一个老式的售货亭现作为餐饮服务设施，周围布置了大片的露天咖啡座，吸引了大量的人在此享受，成为一个生气勃勃的聚会场所。新植的一排椴树增加了广场的生气，使咖啡区更有领域感。一组花岗岩石凳呈扇形布置，朝向中心雕塑。一根细长的金属灯杆竖立在石凳后面，有着像针尖一样的金顶。夜晚，灯杆上的一串射灯将光以不同的角度洒向广场。广场主要用传统的小石块铺装，浅色石板条的不规则区域强调了售货亭和咖啡区的位置。

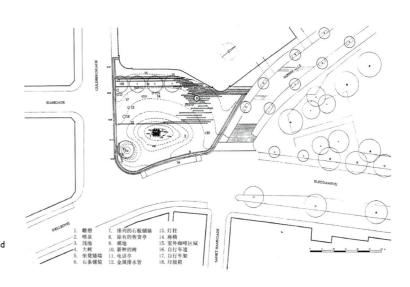

01　平面图
（引自Francisco Asensio Cerver：Redesigning City Squares and Plazas, p42）

02 广场的中心是雕塑"雨屋"
03 雕塑也是广场的视觉中心

圣汉斯广场／Sankt Hans Torv

04 靠近建筑一侧的广场是各种休息的区域
05 广场地面的铺装起到了引导的作用
06 广场上的咖啡座

07　保留的树周围形成了一个小坡
08　建筑旁地面铺装的变化
09　雕塑旁是一组旱喷泉

圣汉斯广场/ Sankt Hans Torv

27 赫宁市政厅广场/ City Hall Square in Herning

地点：丹麦，赫宁市/ Herning, Denmark
设计师：J.A.安德森/ Jeppe Aagaard Andersen
面积：6400m2
建成时间：1996

赫宁市政厅广场原为一个大型的绿荫停车场，同时也作城市市场使用。广场周边有市政厅、教堂、教会大厅、旅馆和咖啡馆。由于广场上新建筑的落成，为适应环境的变化，1996年对广场进行改建。将停车场设置在地下，使广场成为一个开放的，可以满足市民综合需要的城市空间。

广场为近似梯形场地，处在一个缓坡上，高处隔街正对教堂，低处联系城市步行街。广场的比例关系基于周围的古老建筑。设计师以教堂周围的空间为模数单元，在整个广场上多次重复，形成广场特有的空间格局，并且运用铺装、植物、喷水、灯具和座凳等要素，将这种空间划分进一步强调，从而满足了不同的使用要求，并使广场的尺度亲切宜人。

设计师用产自挪威和芬兰的两种不同的花岗岩大石板拼成横向的条纹，形成广场的底纹。同时，不同材料的铺装区域对应着广场上不同的功能区。市政厅主入口由暗红色石材构成的斜正方形所突出；深蓝色陶瓷砖的席纹铺地标示出了露天咖啡区的位置；浅棕色沙砾界定了林荫广场和花坛区，而教会大厅和教堂前用传统的小石块铺装获得与历史建筑的呼应。两条浅色石板的直线穿过不同的铺装区域，强调了中轴，将人们的视线引向教堂。

4个喷泉水池仿佛是广场两侧新建筑的延伸，将两栋大楼联系了起来，也给广场增添了欢乐的气氛。水池两侧，共有6株"金属树"，由不锈钢做成，具有抽象的外表，作为广场的装饰物和藤本月季的攀爬架，别具一格。

林荫广场种植了9棵大规格的栗树，树下安放了环状座椅，雕塑点缀其间，形成舒适的休息环境。角隅的斜向花床，用锈钢板做边缘，与鲜艳的花卉形成了对比。

灯光在广场上起到渲染气氛的重要作用。一部分灯具来自西班牙，灯里装有滤色镜，在蓝色渐退的夜幕中发出淡红色的柔光。

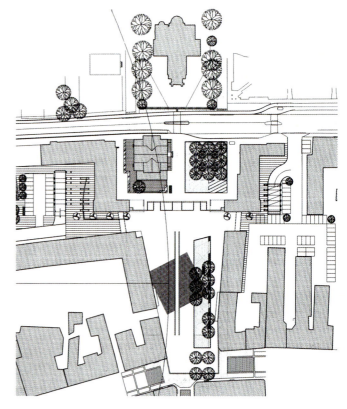

01 平面图
(引自Topos edit：Landscape Architecture in Scandinavia, p135)

02 广场具有亲切宜人的尺度，两条浅色石板的直线穿过不同的铺装区域，强调了广场的中轴

03 林荫广场与教堂隔街相望

04　广场延伸到周围的步行街中
05　广场铺装的精美组合，不同的材料对应着不同的功能区
06　各种要素将广场划分为不同的空间

07　4个喷泉水池仿佛是两侧新建筑的延伸
08　透过喷泉看林荫广场

09 喷泉为广场带来生机和活力

10　林荫广场上的花床
11　"金属树"是广场的装饰物和藤本月季的攀爬架

赫宁市政厅广场/ City Hall Square in Herning | 177

28 Jarmers 广场/Jarmers Plads

地点：丹麦，哥本哈根/ Copenhagen，Denmark
设计师：Brandt Hell Hansted Holscher 建筑事务所/ Brandt Hell Hansted Holscher Arkitekter
建成时间：1997

　　Jarmers 广场位于房产银行 Realkredit 的丹麦总部大楼前，西侧是繁忙的大街，东侧是安静的 Ørsteds 公园。广场实际位于银行的地下停车场的屋顶，平整的大石板铺装的平台略微高于从人行道延续过来的粗糙的石块铺装，形成明确的领域感。浅灰色挪威花岗岩石板以少见的 340cm×85cm 的规格铺装，比例模数与建筑立面相呼应。与石板相同尺寸的坐凳按照铺装的几何关系散布在广场东侧，在林荫树下吸引路人小憩。中部是一个椴树树林，树冠被修剪，形成几何的绿色团块，加强了广场的空间体积感。靠北侧私密的下沉庭院与靠西侧喧闹的大街，各以一道大理石矮墙作为空间的界定，一处可以使庭院隐藏在路人的视线之外；另一处使平坦的广场和斜坡的道路之间有了恰当的过渡。广场西侧与道路之间的高差由一段金属台阶来衔接，台阶由铜铸造，精细的节点和严格的角度使之具有工业产品的特性，体现了北欧精湛的工艺。台阶距离地面有一个高度，仿佛悬浮于地面，使一种原本感觉沉重的材料获得了轻盈的外貌。

　　广场的照明经过精心设计，使这里在夜晚一样迷人且安全。灯光都是低矮的，可防止眩光。和台阶一样，坐凳一端的灯箱格栅、广场上的树篦和栏杆都是铜制的，经过时日，明亮的黄色慢慢变成了深深的古铜色，还夹杂着铜锈的绿色，散发出一种自然的光泽。

　　Jarmers 广场是近年哥本哈根市建成的最好的公共空间之一。

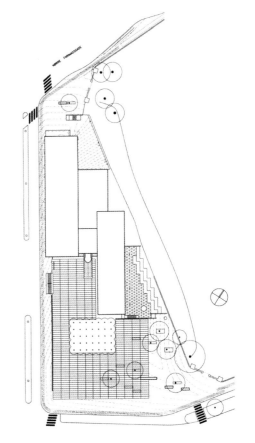

01　平面图（引自Topos edit：Urban squares，p68）

02　由广场南部的Nørre Voldgade街看广场和房产银行Realkredit总部大楼
03　广场的标高高于西侧的大街，形成较为安静的环境
04　坐凳与铺装石板尺寸相同，按照铺装的几何关系散布在广场东侧

05 广场的灯光都是低矮的，坐凳的一端是灯箱
06 位于广场北侧的私密的下沉庭院
07 广场的中部是一个立方体的椴树树林

08 广场西侧与道路之间的高差用一段铜铸台阶衔接
09 广场材料考究，具有精细的节点和严格的尺寸
10 广场与街道之间既有分割又有很好的联系

29　托伦拉合第公园/ Töölönlathi park

地点：芬兰，赫尔辛基/ Helsinki, Finland
设计师：瑞典绿色建筑工作室/ studio grön arkitekter ab，Nils Mjaaland
建成时间：1997

　　托伦拉合第公园位于赫尔辛基市中心，南接赫尔辛基火车站，北邻奥林匹克中心，出入赫尔辛基的所有铁路线从其东部边缘而过，阿尔托著名的芬兰地亚大会堂位于公园西南端，新建的剧院座落在公园西北角，一些老的别墅散落在公园中。托伦拉合第公园的改造体现了芬兰景观设计再现和修复自然的思想，改造后的公园显示出很少的人工介入。公园以湖面为中心，除了剧院附近水面上的大喷泉、座椅和照明设施、以及草地上偶尔放置的现代艺术装置外少有它物。山坡草地上为人们开辟了一些享受阳光与湖景的休闲处，沿湖小路成为赫尔辛基人散步、锻炼身体的好去处。托伦拉合第公园开阔的湖面和优美的风景为周边的城市建筑提供了良好的背景和视觉环境。

　　托伦拉合第公园体现了芬兰湖泊景观的特征，也继承了芬兰风景园的造园传统，反映了城市公园运动的理想——在城市中建造自然。

01　平面图
02　公园南端入口处，繁忙的铁路干线贴边而过

03 公园为城市提供了一个优美的环境
04 白色芬兰地亚大会堂与天空、湖面和芦苇的对话
05 公园中的现代艺术装置
06 隔湖远眺芬兰报业大厦和芬兰地亚大会堂
07 芬兰地亚大会堂附近的小码头

30 古斯塔夫·阿道夫斯广场/ Gustav Adolfs Torg

地点：瑞典，马尔默/ Malmö, Sweden
设计师：S.I.安德松/ Sven-Ingvar Andersson
面积：14400m²
建成时间：1997

位于马尔默市中心的古斯塔夫·阿道夫斯广场（Gustav Adolfs Torg）是一个步行交通与休闲娱乐相结合的公共空间，也是连接多条公共交通路线的枢纽。19世纪末，这里就有大片的树木和蜿蜒的小径。后来，各种交通工具逐渐占用了广场，至改建前数条公共汽车和电车线路穿越其中。

新广场的设计将公共交通集中在广场的西面，并用一些平行的矮墙和花池将候车区与广场的其它部分作了划分。东西向平行的红色花岗岩石条镶嵌在小石块铺装当中并贯穿广场的整个铺装区域。步行穿越的弧形路线用红色的花岗岩显著地表示出来，作为城市步行网络中重要的连接点。广场的不同区域被赋予不同色彩和质感的铺装，铺装的微妙变化在雨天会更清晰地显现出来。

广场东面的铺装一直延伸至建筑物边，成为城市步行街的一部分。一排具有古典意味的多层水盘喷泉为广场带来活跃的视觉和音响效果，同时也分隔了东面人流穿梭的区域与广场空间。

这里既是一个市民广场也是一个公园。原有的老树被围在圆形或有机形的种植区域内。周围布置了大量的休息设施。成组安放的坐椅提供了舒适的休息环境，种植区的花岗岩边缘提供了辅助的坐凳，背靠绿篱的蜿蜒的长椅形成了有趣的休息空间。最大的圆形种植区里布置了一个小卖建筑，提供咖啡和户外餐饮服务。广场上的路灯组成了一个巨大的椭圆，贯穿整个广场，提供了照明。

设计师运用圆、椭圆和直线的形式，以及用喷泉、路灯、花池、矮墙等要素将广场划分为不同的使用空间，特别是将广场中穿越与停留两种不同的区域分开，形成了广场特有的个性。

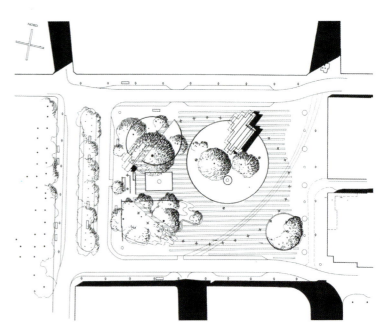

01 平面图（引自Topos 22）

02 红色花岗岩标识出广场上步行穿越的区域
03 直线排列的系列喷泉为广场带来活跃的视觉和音响效果
04 圆和椭圆是广场上主要的线形

05 这里既是一个市民广场,也是一个公园
06 广场上的休息区域

07 矮墙分隔了休息区与自行车停放区域
08 广场的中西部被林荫覆盖
09 平行的矮墙和花池划分了候车区与广场的其他部分

古斯塔夫·阿道夫斯广场/ Gustav Adolfs Torg | 187

31 老码头/ Gammel Dok

地点：丹麦，哥本哈根/ Copenhagen, Denmark
设计师：J.A.安德森/ Jeppe Aagaard Andersen
面积：4800m²
建成时间：1998

老码头三面是建筑，一面朝向港口开放。左右两侧的建筑是外交部大楼（原为 Eigtved 仓库）和丹麦建筑设计中心（原为老码头仓库），朝向港口的建筑是丹麦建筑师协会大楼。这里曾经有凹入的水面，后来成为一个木质的干码头，20 世纪 20 年代时，干码头受到法律的保护并被覆盖。

对老码头的改造始于 1996 年，J.A.安德森把必要的停车位布置在了两侧，从而使广场的中心成为休息和观赏的空间。设计细腻地表达了场地的历史。一片浅水池从岸边一直延伸到建筑师协会大楼，作为对早期码头区水岸线凹入处的一种诠释。两条斜穿过水池的道路，仿佛两座桥，将水面切成 3 段。一个圆形的半岛伸入水中。小岛用金属网固定的大块卵石镶边，里面种植了 5 棵柳树，是广场上唯一的种植区域，因此成为广场重要的视觉中心。水池与驳岸之间是一块木板铺装的区域，与中心区域粗糙的花岗岩石块铺地形成质感的对比。

两条曲线揭示了被埋在地下的干码头的轮廓，一条是水池西边较宽的混凝土池边形成的弧线，另一条是木板铺装的曲线边界的延长线，灯柱和座凳强调了这条弧线。原有的石材在广场的改造中都被重新利用，码头岸边曾经用于运输货物的老铁轨也得到保留，只是在铁轨间铺以沥青，以方便路人行走。

如同许多丹麦的景观作品一样，老码头的改造用细腻而低调的设计融入周围的环境。广场中的水池如同一面镜子，反射着周边的景致，广场通过水池和倒影建立了与周围建筑的联系。

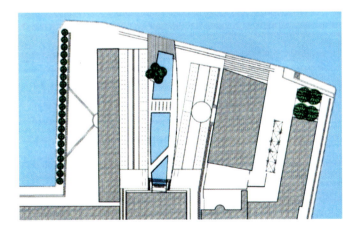

01　平面图
　　（引自Guide to Danish Landscape Architecture：1000～2003，p260）
02　宽而浅的水池如同镜面，反射着周围的景致

03　水池是对码头区早期水岸线凹入处的一种诠释
04　柳树小岛是广场上重要的视觉中心之一
05　水池在视觉上与远处的运河连为一体
06　码头上的旧铁轨得到保留

32 Vejle车站/ Vejle Traffic Terminal

地点：丹麦，Vejle/ Vejle, Denmark
设计师：Arkitekgruppen Cubus As，Bergen
艺术家：Bjørn Nørgaard
面积：12000m²
建成时间：1999

Vejle 车站项目包括了火车站前广场和公共汽车站场。这块场地的东侧是火车站，跨过铁道再往东，就是 Vejle 的港口。场地西侧是几栋老建筑与火车站相对，界定了广场空间，建筑的后面是城市街道。场地的南部是公共汽车站场，北侧穿过一个小的停车场通往城市街道。

位于火车站前的广场占地 3000m²，是进入车站的必经之地。广场上最醒目的是由艺术家 Bjørn Nørgaard 创作的灰色花岗岩浮雕巨石——"天梯"(Ladder to Heaven)。雕塑高约 9m，有一个浅红色石材的基座，位于椭圆形的浅水池之上。广场的铺装引人注目，由 6 种不同色彩和花纹的石材组成，从斑点状的浅灰、浅黄色花岗岩，变化到有着红黑相间花纹的大理石，甚至是纯黑的石材。6 种石材共有 45 种规格，组成了不规则的富有动感的地面图案，仿佛水波在荡漾。尤其是下雨的时候，地面铺装呈现出绚丽的色彩。广场上的灯柱似乎分布得并不规律，但却是按照人们行走和停留的路线布置的。方形的花岗岩石块坐凳提供了休息的设施。铺装上铜制盲道为盲人和有视障的人提供了引导。广场西侧靠城市建筑种植了一排椴树，树下布置了休息坐凳。

南部公共汽车站狭窄的站台铺装着深色石材，点缀着不规则的浅色花岗岩区域，站台的一侧是花岗岩石板与金属结合的栏杆。特别的栏杆和树箅，都是为这个项目专门设计的。材料尤其是石材的变化是这个设计最重要的表现手法，而北欧湿润多雨的气候是该特点最好的诠释者。

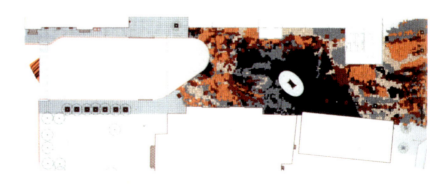

01 平面图
(引自Annemarie Lund：DanishLandscape Architecture, p264)

02　位于老建筑和火车站之间的广场

03 广场上最醒目的是名为"天梯"的表面 刻有浮雕的花岗岩巨石
04 花岗岩雕塑的脚下是椭圆形的浅水池

05　灯柱和方形的花岗岩石块坐凳看似随意地布置在广场上
06　车站边的休息座凳

07　广场不规则的富有动感的地面图案在雨天更有魅力
08　铺装上铜制盲道为盲人和有视障的人提供了引导

09　盲道细部
10　精心设计的汽车站站台栏杆和铺装

Vejle车站／ Vejle Traffic Terminal | 195

33 Glostrup市政厅公园／Town Hall Park, Glostrup

地点：丹麦，Glostrup/ Glostrup, Denmark
设计师：S.L.安德松(SLA景观事务所)/ Stig Lennart Andersson
面积：12500m²
建成时间：2000

1995年SLA景观事务所为Glostrup镇中心和市政厅公园做了规划，Glostrup镇后续的城市格局和更新设计都以此为基础。规划项目分阶段实施，第一阶段是1996年完成的Nyvej路的改造；第二阶段是Kildevej和图书馆附近的广场和停车场的改造；第三阶段是2000年完成的市政厅公园北面和技术监督局周边环境的改造。

Nyvej路的改造范围从火车站一直到Roskildevej路，包括十字路口、照明、路面铺装的改造设计。S.L.安德松在道路的两侧种植了双排悬铃木，人行道用了几种不同规格的石板铺装，金属的街灯、石材车挡及悬铃木有节奏地布置在人行道的边缘，为街道景观带来韵律和变化。

Glostrup市政厅公园位于市政厅和一栋三层的住宅建筑之间，泛着荧光的深色石板从Nyvej路一直铺到市政厅公园，形成了一个广场。在广场的中部切出了如变形虫似的有机曲线的草地。铺装的边缘是由钢板严格界定的，两条曲线的木制长凳镶嵌在铺装和草地之间，下沉的草地和隆起的铺装地面使得长凳有合适的高度以供人休息。草地上保留下来的大树烘托了公园的气氛，提供了不同氛围的休息空间。广场边缘的一个直线形和一个有机形种植区内分别种植着修剪的椴树和白桦，树下的石板碎片与广场铺装是同一种材料，色彩相同但表达了不同的质感。公园通过微微起伏的铺装广场和草地，形成了有限的高差变化，并以这些微小的变化融合了功能、表达了细部、创造了空间。

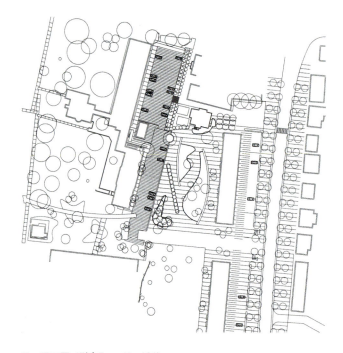

01 平面图（引自Topos40, p104）

02　Nyvej路街道景观
03　市政厅公园全景
04　公园的有机线形

Glostrup市政厅公园／Town Hall Park, Glostrup | 197

05　下沉的草地和隆起的铺装地面使得长凳有适宜人休息的高度
06　公园地面在细微的高度中的变化
07　种植池中修剪的椴树

08 白桦树种植池中铺满了碎石板
09 公园一角的雕塑
10 有机形的绿篱使公园与原有的花园有很好的过渡

Glostrup市政厅公园／Town Hall Park, Glostrup

34 Brygge岛港口公园/ Harbor Park at Islands Brygge

地点：丹麦，哥本哈根/ Copenhagen, Denmark
设计师：Annelise Bramsnφs，Poul Jensen
建成时间：2000

　　1984年，Brygge岛的议会在当地居民的支持下，开始将Langebro桥以南的一块土地转变为一个公园。这块狭长的用地濒临哥本哈根城市的主要运河，背靠稠密的城市街区，有不少已废弃的工业和港口设施。

　　设计中，一些与滨水地带历史有关的结构，如旧的铁轨、火车车厢、粗糙的乡土铺地、锈迹斑斑的钢铁构筑物、部分仓库以及大型混凝土构筑物的残迹被保留或重新利用。属于原来居住区公园一部分的宽阔的日光浴草坪，现在被混凝土宽边划出边界并抬高，混凝土边可作为休息的长凳。公园与城市街道的交汇处形成小广场，未经处理的或是赤褐色的混凝土墙、柱列以及多种开白花的乔木形成了入口区域。从小广场引出一些斜向的小路，将宽阔的草坪切成几个部分。这些广场同时也具备现代城市生活所需要的一些公共设施，如滑板坡道、桌椅、长凳、烤肉架等。原有的工业遗迹与新的设施有机地结合起来，共同分隔空间，塑造场所特征。一条倒扣的木船作为公园中造型独特的休息亭，暗示了这里的历史。公园毗邻城市街道的边界，一条宽阔的樱树林荫道贯穿全长，限定了空间并统一了这个长达600m的滨水公园。

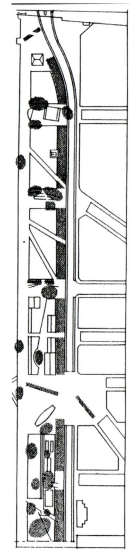

01　平面图
(引自Guide to Danish Landscape Architecture：1000～2003,p257)

02 鸟瞰图（引自Topos edit: Landscape Architecture in Scandinavia, p38）

03 由Langebro桥看公园和运河

04 保留下来的旧铁轨和钢铁构筑物
05 原有的工业遗迹与新的设施有机地结合起来
06 保留下来的旧火车车厢和混凝土构筑物

07 一条倒扣的木船作为公园中造型独特的休息亭,暗示了这里的历史
08 倒扣的木船架在层层的台地之上

09　公园中的植物攀缘架
10　保留下来的钢铁构筑物
11　公园具备现代城市生活所需要的各种公共设施

12　公园中的儿童活动场
13　一些斜向的小路引导居民方便地进入公园的滨水地带
14　咖啡厅具有开阔的视野

Brygge岛港口公园／Harbor Park at Islands Brygge ｜ 205

35 哥本哈根Nordea银行新总部环境及克里斯蒂安港水岸空间/The Grounds of Nordea's Headquarters and the Quayside of Christianshavn

地点：丹麦，哥本哈根/ Copenhagen, Denmark
设计师：S.I.安德松/ Sven-Ingvar Andersson
建成时间：2000

　　克里斯蒂安港（Christianshavn）是17世纪建立的一个城镇，位于哥本哈根的棱堡之内，城镇因为贸易和造船而发展，后来成为哥本哈根市的一个行政区。直到20世纪60年代，这里仍然是重工业云集的地方，造船厂是丹麦最大的一个。嘈杂的环境、被烟熏黑的工业建筑和肮脏的平民窟是这里的特征。随着1960年代开始的一项城市更新计划的实施，这里发生了巨大的变化。旧建筑被改造，新建筑拔地而起，新的工业、商业和金融企业进入该区，这里重新成为有活力的高尚的城市区域。

　　根据城市更新规划，水滨的建筑采取了垂直于驳岸的建筑布局，意在模仿码头仓库和船坞原来的格局，以恢复城市的肌理。占据了克里斯蒂安港重要位置的Nordea银行新总部（也称为联合银行Uni-Bank）也因此形成了今天的布局：建筑由一系列平行布置的办公楼组成，之间通过玻璃连廊或实体建筑相连，靠城市街道一侧以整面的建筑勾勒了城市街区，而在朝水面的方向形成了一些三面围合或两面围合的庭院空间。

　　两个被建筑三面围合的庭院里各种植了25棵高挑的柳树，柳树林下是自由曲线的绿篱、按规律种植的低矮的小灌木和浅黄色砂砾铺地。砂砾中平行的深色花岗岩石条打破了连续的绿篱带来变化。这是一个观赏性的花园，出于安全的考虑，花园并没有联系建筑内部的入口。轻舞的嫩绿柳枝可以阻隔办公楼间员工的对视，同时也使职员疲劳的视觉得以放松。为控制生长，这些柳树每隔3年修剪一次，去掉所有枝条，只保留主干。浅色的砾石铺地与深色的建筑金属外墙形成了对比，也衬托出绿篱生动的线条；随意蔓生的植物枝叶给理性的现代主义建筑环境带来生动的自然气息。从办公室俯瞰庭院令人遐想联翩。

　　另外三个院子是公共的，其中一个成为了街道，一行枫树沿着长向种植，成为新旧两栋办公楼之间的转换，并组织了VIP客户的停车位。另两个长条形的庭院采用阶梯状的水景，浅浅的跌水台阶等距布置，并与一旁的铺装台阶相连。跌水台阶经过精心设计，当水循环系统不工作时也能保持一定的水面。这片薄薄的水面朝向港口跌落下去，试图创造建筑从港口水面中升起的感觉。

　　滨水的公共空间采用浅黄色花岗岩铺成传统的粗糙块石地面。细长的深灰色花岗岩石条镶嵌在铺装上，与水岸平行但与银行建筑呈一个角度。这些等距的直线石条贯穿所有庭院和整个滨水公共空间，其不仅是构图的要素，也是防止由波浪引起的视觉晕眩的重要措施。虽然滨水空间宽阔的步行道、水边的码头、雕塑、灯具等都体现了轻松的休闲气氛，但实际上这里是一个受限制的消遣区，出于银行安全方面的考虑，这里没有安排休息坐椅。

　　银行建筑的后面，一座18世纪的教堂耸立在城市街区内，教堂周围的环境也被重新设计。一条椴树林荫道、一片草地和一座咖啡屋被建造，为周围居民提供了一处供消遣的绿色空间。

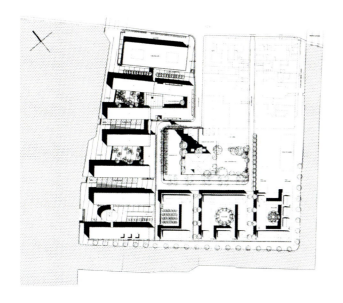
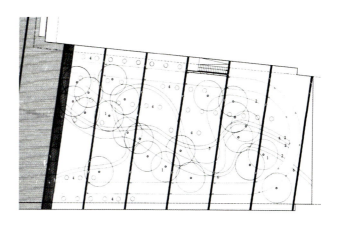

01 平面图（引自Topos35, p64）
02 柳树庭院平面图（引自Topos35, p66）
03 从对岸眺望联合银行新总部和克里斯蒂安港

04　宁静的柳树庭院
05　轻舞的柳树可以阻隔办公楼间员工的对视
06　柳树庭院是一个观赏性的花园
07　柳树林下是曲线绿篱、低矮灌木和砂砾铺地

08 柳树庭院中的绿篱与灌木
09 阶梯水景庭院后面是城市街区中的教堂
10 阶梯水景庭院

11　薄薄的水面朝向港口跌落下去，仿佛建筑是从港口水面中直接升起，对岸是哥本哈根图书馆
12　新旧建筑间的长条形庭院
13　克里斯蒂安港水岸空间

14　贯穿整个滨水步道的石条
15　岸边的码头与厚重的银行总部建筑
16　Nordea新总部周边的滨水散步道

36 铁锚公园/ Ankarpark

地点：瑞典，马尔默/ Malmö, Sweden
设计师：S.L.安德松(SLA景观事务所)/ Stig Lennart Andersson
建成时间：2001

马尔默位于瑞典国土的南端，与丹麦首都哥本哈根隔海相望。随着1999年厄勒海峡大桥的建成通车和2001年欧洲住宅展览会Bo01在马尔默的成功举办，这个城市已是远近闻名。Bo01位于距离市中心只有2km的一个废弃的海港区，主办者希望通过展览的举办和带动，将一个废弃的老工业区转化为全面实践可持续发展概念的舒适优美的城市生活新区。在指导思想和应用技术方面，Bo01采用了许多当今建筑领域和生态环境方面先进的研究成果，如低层高密度街坊式的建筑布局；建筑的节能设计；被工业污染的土壤的处理技术；就地处理污水和垃圾并循环利用；雨水的收集和利用；利用太阳能及地下水和海水的能量等，这些使得Bo01住宅展成为国际领先的城市居住区范例。

位于Bo01居住区中心的铁锚公园也体现了同样的指导思想和设计水准。来自丹麦的设计师S.L.安德松塑造了一个代表着斯堪第那维亚自然特点的海岸、草地和树林的景观，与周围理性的有秩序的住区建筑形成了对比。整个居住区采用的是开放的雨水排放系统，通过延长水在地表的停留，增加了雨水的下渗，滋养了湿生植物，创造了丰富的景观。狭长的运河是这个系统的一部分，河边蜿蜒曲折的混凝土驳岸象征着海岸线，镶嵌其中的规整的木平台带来形式和色彩的变化。水边平台上点缀着不锈钢的灯具、混凝土的圆凳、自然的岩石以及原木加工的外形粗犷的座椅。混凝土平台的地面上还散布着许多圆形的印记，受不同湿度的影响，同心圆的纹理会呈现深浅的变化，因而它能够折射出天气的变化。

公园中的大部分面积是草场的景观，高高低低的草随风舞动，同样也反映出天气的变化。7种不同的观赏草种植成曲线的区域，每种草的高度和色彩都不同，叶子的质地有差异，并且生长和枯萎的速度也不一样。四个生境群落岛——赤杨沼泽、山毛榉林、橡树林和柳树林坐落在草地中，充满自然的气息。每一个群落都依靠微生物的过程自我维持，不需要外界的补给，因此也不需要任何养护。

被称为"臭虫"的梭形带支脚的黑色步行桥漂浮在水岸边或穿越茂密的生境群落，形成有趣的景观并吸引人们去探险。这里没有一般公园中常见的座椅，休息设施被散布在园中的岩石和混凝土圆墩所代替。设计师在铁锚公园中使用了多种材料，如混凝土、石材、木材、钢、柏油、橡胶和各种植物，形成色彩和质地的丰富变化，同时也是作为对基址历史的一种隐喻——作为港口，这里曾经是各种原材料的集散地。

铁锚公园是一个各种要素叠加的过程开放的系统，它是一个可持续发展社区生态系统的重要组成部分。它的设计不是以视觉效果为出发点，设计师力图表达的是自然界的持续变化，设计的目的在于建造能产生各种体验的空间。

01 铁锚公园平面图（引自Topos edit：Water, p81）
02 蜿蜒曲折的运河驳岸

铁锚公园/Ankarpark

03 规整的木平台和粗犷的木座椅
04 水边平台上的灯具、圆凳、岩石和圆形的印记
05 曲线的柏油路穿越不同草的区域

06 折线形的木板道
07 生境群落岛

08　生境群落岛中的探险之路（左页图）
09　水边的黑色步行桥
10　从松林看新区的标志性建筑
11　公园的景观与周围的建筑形成了对比
12　公园是一个可持续发展社区生态系统的组成部分

铁锚公园/ Ankarpark | 217

37 哥伦比纳花园 / Columbine Garden

地点：丹麦，哥本哈根 / Copenhagen, Denmark
设计师：S.L.安德松(SLA景观事务所) / Stig Lennart Andersson
面积：500m²
建成时间：2001

2001年为纪念哑剧演员哥伦比纳（Columbine）诞辰150周年，在位于哥本哈根市中心的蒂伏里（Tivoli）公园内建造了一个面积仅有500m²的小花园——哥伦比纳花园。

设计师S.L.安德松把哥伦比纳花园设计成一个有着芬芳花香和光的变化的静谧花园，通过花色、花香与灯光的变化来使花园激起人们的感官享受和想象。平面设计中红色路径、白色花坛和绿色绿篱的自由曲线所形成的斑块构成有如超现实主义的画面。花坛密植四种在造型、香味和高度等方面均不同的白花，从春天的水仙、香百合到夏天的大丽花和日本银莲花，象征着演员演出时穿着的白色长袍。花园中还种植了一些淡雅的浅色花卉作为衬托。花坛周围用墨绿的紫杉篱界定出花园的空间范围，白花在绿篱的衬托下呈现出一种优雅和宁静。伞状的秦皮树为花卉提供了庇护，喷雾装置使花朵保持湿润并为花园创造了宜人的小气候。

园中小径用橡胶铺设，能够吸收游客的脚步声，给喧闹的蒂伏里公园一份平和之美。半透明的灯具白天吸收日光，夜幕降临时又将光释放出来。灯柱的光以缓慢的节奏随机变化着，悄无声息地从白色变到暖黄色。花园中没有家具设施，步行其中，人们可以体验到花园的变化和它带给人的新奇和刺激的感觉。

01　平面图（引自Topos40,p95）

02　芬芳的花香和变化的光是这个静谧花园的特点
03　紫色和白色的花卉烘托出花园素雅的格调
04　鲜花盛开的花园

哥伦比纳花园/ Columbine Garden | 219

38 Bo01住宅展滨海公共空间/ Bo01 Seafront Public Open Space

地点：瑞典，马尔默/ Malmö, Sweden

马尔默城市北面临海是港口和工业区，其中西港（Västra Hamnen）地区是20世纪在围海造地的基础上发展起来的，曾经拥有世界著名的造船厂和Saab汽车工厂等众多工业，但后来这里逐渐衰落。20世纪末，马尔默决定在该地区举办Bo01国际住宅展，并以此为契机，未来将这块荒芜的、多海风的工业废弃地转变成一个综合的城市新区，包括居住区、大学、会展中心、IT产业和通讯产业等。

Bo01是首次在瑞典举办的欧洲住宅展，展览的主题为"明日之城"，是马尔默西港区长期发展计划的第一阶段。这个住宅展举办的目的在于展示可持续发展的生态环境技术和城市形态、景观设计方面的思想，这些技术和思想将影响和指导未来城市新社区的发展。住宅展注重公共空间的塑造，除了许多半私密的邻里花园，还有多个公共开放空间，其中最重要的是滨海公共空间和位于居住区中心的铁锚公园（Ankarpark）（见 – 实例36页）。

Bo01住宅展区西部靠海，可以远眺厄勒海峡大桥和海平线上的落日。滨海公共空间包括了三个部分：北部的丹尼亚公园（Daniapark），中部的斯堪尼亚广场（Scaniaplatsen）和南部的滨海散步道（Sundspromenade）。三者虽各有特点，但又是统一和连续的,形成了朝向壮丽海景的开敞的散步道，是一个人们能接近大海、享受阳光、感受天气变化的和欣赏风景的地方。

丹尼亚公园 / Daniapark

设计师：T. 安德松、海林（瑞典FFNS事务所）/ Thorbjörn Andersson, PeGe Hillinge (FFNS Architects)

面积：20000m²

建成时间：2001

斯堪尼亚广场 / Scaniaplatsen

设计师：斯克兰德、萨克斯豪格（挪威13.3事务所）/ Tormod Sikkeland, Eivind Saxhaug (13.3 Landscape Architects)

建成时间：2005

滨海散步道 / Sundspromenade

设计师：J.A. 安德森 / Jeppe Aagaard Andersen

面积：10300m²

建成时间：2001

丹尼亚公园两侧靠海，北面的海风大浪大，西面的相对平静。设计要求一方面体现大海的特性，另一方面要有充足的空间，既能够满足日常活动的需要，又能够容纳大型的活动。

T. 安德松和海林的设计受到古代军事要塞的启发，使公园具有一种古朴而粗犷的风格。公园北端是一个巨大的方形高台，由厚重的花岗岩砌成，外侧悬挂着涂了焦油的木板。平台位于海岸线的转折之处，如同一个坚固的堡垒，在猛烈的海风中提供了安全的庇护所，同时也是最佳的眺望场所。平台西北角一个轻巧的三角形木平台悬挑在大海之上，像一艘乘风破浪的木船，迎接大海的挑战。高台及其通向海滨步道的斜坡，成为轮滑和滑板爱好者聚集和训练的场所，悬挑的木平台则是勇敢的年轻人跳水和挑战自我的地方。

涂了焦油的木围栏保护了海滨步道，大块岩石的石滩减弱了海浪对驳岸的冲击。步道边高高的灯柱向大海方向倾斜，如同与猛烈的海风抗争。三个石平台打破了海滨步道平直的岸线，带来空间的变化。每个石平台都正对一长段伸到海里的大台阶，引向海面上的一个供游泳者使用的木平台。狂风大浪的时候，风卷着浪冲上台阶，激起白色的浪花，让人感受到大海的力量；而在风平浪静的日子里，人们可以在坐凳和台阶上近距离地接触大海、观赏风景。

公园的中部是宽阔的草地，在靠近海的一边种了两排乔木，这里经常聚集着喜爱日光浴的人们，同时也是大型音乐会的举办场地。公园的东部与居住区相临的部分，是一条抬高的步道，一排槲栎和一堵矮墙作为公园与停车场的界限。步道边几个阳台一样的小空间突出在草地上，既是躲避海风侵袭的庇护所，也是观赏公园和海景的眺望台。

草地的北端，是一个多年生植物的小台地花园。花园西侧的高台遮挡了凛冽的海风，为植物的生长创造了适宜的环境。

丹尼亚公园开阔的视野突出了基址位于海滨的特点，而散布在其中的半私密的小空间又考虑了人的使用需要。设计师希望人们在这块场地上有多种选择，可以在岸边凭海临风，也可以在隐蔽处小坐休憩。

丹尼亚公园的南面是斯堪尼亚广场，从海边一直插入居住区之中。滨海是一个下沉的方形广场，三面的台阶提供了休息远眺的场所，变化的材料体现了不同的质感，伸入水中的平台可以作为码头。一条水线从居住区引出，贯穿东西，时而在地下，时而露出地面，利用收集的雨水创造了微妙的水景。最后，水顺着粗糙岩石上刻蚀的凹槽落入水沟，流到大海。

滨海公共空间的第三段是滨海散步道，东边紧临住宅，西边面海。海边台阶式的木平台有220m长，成为步行道与大海之间的过渡，人们可以根据自己的方式来使用这个空间。老年夫妇坐在台阶上，喝着热腾腾的咖啡；年轻人除去多余的衣衫，倚躺在木平台上，在阳光下伸展自己的身体；儿童在台阶上跳来跳去地玩耍；另一些人则坐在水边安静地阅读，任凭浪花抚摸自己的双脚；甚至，一些时装照片在这里拍摄，把壮丽的天空当作了幕布，把木平台变成了T型台。

在木台阶和住宅之间，乔木树池和街灯划分了混凝土的通行区和块石铺装的休息和停留区。长条的玻璃和木板以任意的方向镶嵌在铺装上。夜晚，玻璃被底下不同深浅的蓝光照亮，与幽暗的夜空相呼应。类似枕木的木板则唤起了人们对老工业区的回忆。

虽然滨海步行道的设计极为朴素，没有过多的装饰和复杂的变化，但是每个细节都经过了仔细推敲，强调的是海洋与天空瞬息万变的景象，提供的是人与自然相互交融的场所。

Bo01住宅展滨海公共空间建成后，不仅受到附近居民的喜爱，还吸引了大量的马尔默人来此休闲，受欢迎的程度超出了所有人的想象。虽然常年剧烈的海风限制了植物尤其是乔木的生长，但设计师对自然环境的强调、对人们的使用的关注和对硬质景观的成功把握使滨海公共空间生机盎然、充满活力。尤其在夏天晴朗的日子，喜爱日光浴的人们纷纷涌向海边的木平台和大台阶，甚至跃入海中，充分享受大海和阳光的乐趣，使这里已成为城市一个新兴的海滨乐园。

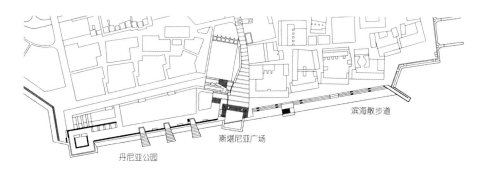

01 平面图

02　丹尼亚公园的北端是一个多年生植物花园
03　通向海滨步道的斜坡是轮滑和滑板爱好者聚集和训练的场所
04　花园西侧的高台遮挡凛冽的海风，为植物的生长创造适宜的环境

05　丹尼亚公园的中部是宽阔的草地，东侧的步道边有一组木墙围合的小空间
06　悬挑在大海之上的木平台像一艘乘风破浪的木船，迎接大海的挑战
07　步道边的小空间既是躲避海风侵袭的庇护所，也是观赏公园和海景的眺望台

08　海边大块岩石的石滩减弱了海浪对驳岸的冲击
09　石平台的大台阶引向海面上的木平台，台阶上白色的浪花让人感受到大海的力量
10　丹尼亚公园海边的石平台打破了海滨步道平直的岸线

11 斯堪尼亚广场滨海处是一个下沉的方形广场
12 斯堪尼亚广场丰富的材质和高差变化
13 收集的雨水顺着粗糙岩石上刻蚀的凹槽落入水沟
14 斯堪尼亚广场多样的材料体现了不同的质感

15　滨海散步道台阶式的木平台成为步行道与大海之间的过渡
16　滨海散步道朝向大海的台阶提供了眺望和接近海的场所
17　滨海住宅的底层提供商业和服务，广场上是露天咖啡座
18　滨海散步道木平台码头

19 滨海散步道的木台阶和大块岩石的石滩驳岸
20 滨海散步道混凝土和砖石铺装上嵌有长条的玻璃和枕木
21 滨海散步道建筑旁有许多精心设计的休憩空间

39　Bertel Thorvaldsens 广场/ Bertel Thorvaldsens Plads

地点：丹麦，哥本哈根 / Copenhagen, Denmark
设计师：Torben Schønbe
艺术家：Jørn Larsen
建成时间: 2002

广场以丹麦著名雕塑家 Bertel Thorvaldsens（1770~1844）的名字命名，前方正对着 Thorvaldsens 美术馆（建于 1838~1848 年），收藏了这位艺术家毕生的作品和艺术收藏。广场位于哥本哈根市最重要的岛屿 Slotsholmen 岛上，该岛几乎容纳了所有的政府建筑。广场原来是一个种植着弯曲的刺槐树的城市草坪，毗邻议会所在地——克里斯蒂安堡（Christiansborg）及其附属建筑，另一侧是城市街道和运河。后来在将 Slotsholmen 岛都铺上传统圆石的提议开始实施后，这里变成了一个完全硬质的圆石广场，只剩下一株刺槐树。20 世纪 90 年代的广场设计方案，包括了一个艺术家 Svend Wiig Hansen 的雕塑，但遗憾是他在去世之前未能完成这个作品。后来在一个小范围的竞赛中，艺术家 Jørn Larsen 设计的一个圆形水池方案胜出并得以实施。在平坦的圆石广场上，一个宁静的圆形浅水池反映着天光，倒映着周围古老的建筑，仿佛是质感粗糙的铺装上镶嵌的一面光滑明亮的镜子。水池中精美的之字形花岗岩石条形成优美的几何图案，切割了水面和倒影，散发出恬静之美。水池的边缘与广场的铺装几乎相平，使水池非常低调地融于历史环境之中，在远处甚至不易被发现，但天气和光线的变化使它在一天的不同时间和从不同的角度观看都呈现出不一样的形象。

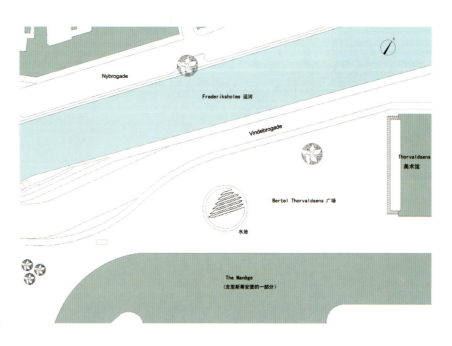

01　平面图

02　广场全景，前方是19世纪的美术馆
03　圆形的浅水池倒映着周围古老的建筑
04　水池非常低调地融于历史环境之中

Bertel Thorvaldsens 广场/ Bertel Thorvaldsens Plads | 229

05　圆形浅水池仿佛是质感粗糙的铺装上镶嵌的一面光滑明亮的镜子
06　天气和光线的变化使水池在一天的不同时间和从不同的角度观看都呈现出不一样的形象
07　水池中精美的之字形花岗岩石条形成的优美几何图案切割了水面和倒影

08 从不同的角度，水池中的条石图案呈现出不同的韵律
09 水池中的之字形花岗岩石条细部

40 Amerikakaj 住宅楼环境/ Grounds of Housing along Amerikakaj

地点：丹麦，哥本哈根/ Copenhagen, Denmark
设计师：J.A.安德森/ Jeppe Aagaard Andersen
建成时间：2002

随着城市产业结构的调整，哥本哈根原有的港口区逐步被改造为居民区。Amerikakaj 住宅楼位于港口两座旧仓库之间，住宅楼的东面朝向 Midkermolen 码头，地下是高于码头地面的停车库。设计师就此设计了高的平台，形成住宅前半私密的户外活动区。三级木台阶和一条坡道联系着平台与码头岸边的圆石铺装散步道，台阶形成长长的坐凳，人们可在此小憩，欣赏昔日码头的景致。

平台以混凝土铺装为主，三块矩形木铺装区域高于混凝土铺装，是供人休息的木平台。三个由西班牙设计师 Enric Miralle 设计的有机形座椅雕塑装饰着木平台，在一个非常理性的环境中散发出感性和浪漫的气息，也成为场地上最引人注目的要素。与木平台成组布置的还有矩形的金属边花池和混凝土水槽。花池中种植着低矮的灌木，成为平台上不多的绿色点缀。混凝土水槽具有平行的肋，下雨时，这些水槽会变成小的水池。

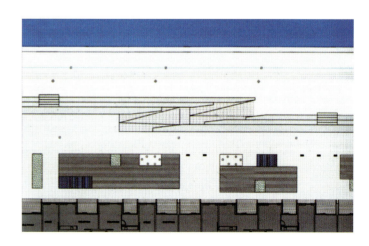

01 平面图
（引自 Guide to Danish Landscape Architecture：1000～2003, p272）

02　高平台形成住宅前半私密的户外活动区
03　三级木台阶形成长长的坐凳

04 平台上设有休息木平台和金属池边的花池
05 三级木台阶和一条坡道联系着平台与码头散步道

06 木制平台、金属花池、雕塑座椅和混凝土水槽组成一个单元

07 有机形的座椅雕塑装饰着木平台

Amerikakaj 住宅楼环境/ Grounds of Housing along Amerikakaj

41 奥大街和伊莫瓦德街/ Åaboulevarden and Immervad Street, Århus

地点：丹麦，奥尔胡斯市/Århus, Denmark
建筑师：城市建筑师事务所/ The City Architect Office
景观师：特耐斯图/ Birk Nielsens Tegnestue
建成时间：2004

　　奥尔胡斯是丹麦的第二大城市，奥尔胡斯河穿城而过流入大海。河流曾经是城市的发源地和心脏，但随着工业的发展，城市迅速扩张，河道作为港口和贸易区的重要性衰退了，未被处理的城市污水直接排往河道，河水严重污染。1938年，位于市中心的河道被封盖，形成了一条机动车交通大道奥大街。

　　20世纪70年代以后，欧洲各国普遍关注在城市中限制机动车交通、积极发展公共开放空间和步行系统，奥尔胡斯市也不例外。1993年起，隶属于市政当局的城市建筑师事务所和景观设计师特耐斯图被委托研究河流重新开放的可能、奥大街等街道的更新以及市中心的重建，在随后的岁月中设计逐步得到实施。

　　被封盖的河道重新显露出来，机动车改道，河道的两岸成为城市中心一系列广场和步行区域的一部分。在奥大街的北岸，由于阳光较多，设计得比较宽敞，岸边是露天咖啡酒吧，街灯、座椅、花钵和垃圾箱等街道家具与作为行道树的椴树一起，被精心地布置在街道上，使这里成为充满生机与活力的步行街。设计师用富有想象力的锯齿形作为铺装图案，沿河岸延伸，形成了象蛇皮一样的纹理。奥大街的南岸由于经常处于建筑的阴影之中，步行街道较窄，铺装图案也是较为简单的横条，部分地段设置了悬挑于河道之上的平台。

　　街道的铺装非常讲究，石材均来自斯堪的纳维亚国家，主要有30cm×30cm、60cm×60cm的正方形及边长为60cm的三角形这几种规格。色彩协调的浅灰色、红棕色以及黑色的花岗岩火烧板铺装，统一中有丰富的变化，在不同的天气条件下都能呈现出质感和色泽的魅力。在一些地面上刻有店铺的标志，突出的街道的商业氛围。

　　河流间有许多轻盈的钢结构木板步行桥，联系着两岸的交通，增加了空间的层次，也丰富了长条形河道的景观。

　　在奥大街和伊莫瓦德街的交叉口是一个吸引人的错落有致的临水台阶广场，一些黑色的立方体石块有韵律地点缀在广场上，台阶和立方体石块都可以作为座凳，石块还可以作为系船桩。

　　市中心的更新使原来被污染的和交通混乱的环境获得了新生，并满足了高品质的生活需求。奥尔胡斯市中心的建筑有悠久的历史，城市的更新使得这些历史建筑充满生机，大量的高级咖啡馆和餐厅搬进了这些建筑之中，提升了这个地区的价值。河道两岸成为吸引人的城市空间，人们在此购物、品尝咖啡茶点。夏季，河边的场地上常常聚集着许多市民和游客。河道的更新繁荣了市中心的商业，现在这里已变成城市中最有吸引力的街道。

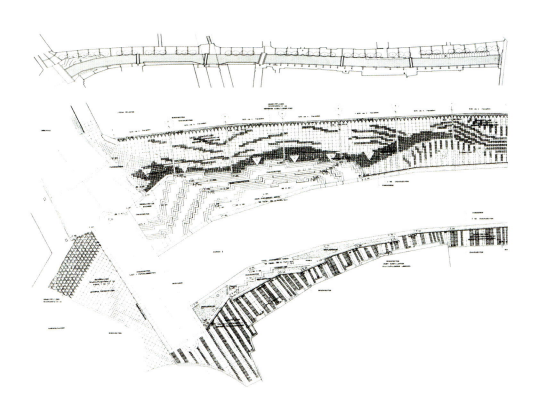

01　平面图（引自Guide to Danish Landscape Architecture：1000~2003, p263）
02　局部铺装平面图（引自Topos edited：Landscape architecture in Scandinavia, p60）
03　昔日的暗渠变成了富有生机的城市公共空间
04　系列步行桥联系着两岸的交通，也丰富了长条形河道的景观

奥大街和伊莫瓦德街／Åaboulevarden and Immervad Street，Århus

05 北岸是一条宽敞的种植着椴树的步行街，南岸部分地段设置了悬挑于河道之上的平台
06 临水台阶广场联系着街道和河道
07 台阶广场细部
08 台阶广场提供多样的休息空间

09　河岸边锯齿形的台地
10　北岸的细部处理
11　驳岸的变化

奥大街和伊莫瓦德街／Åaboulevarden and Immervad Street，Århus | 239

42 Frederiksberg 新城市中心开放空间/ New Central Open Spaces of Frederiksberg

地点：丹麦，Frederiksberg/ Frederiksberg, Denmark
设计师：S.L.安德松(SLA景观事务所)/ Stig Lennart Andersson
面积：18000m²
建成时间：2005

18世纪初，Frederiksberg 是国王菲特烈四世（Frederik IV）的城堡和郊外的风景休闲地。19世纪中叶这里成为一个独立的自治区。到20世纪，Frederiksberg 被不断扩展的哥本哈根城市所包围。今天，这里虽然仍是一个独立的行政区——事实上是丹麦最小的行政区，但它看起来完全是首都的一部分，甚至比首都的许多地方更稠密。

长期以来，Frederiksberg 缺乏城市中心，直到若干年前政府决定在旧图书馆和老火车站附近建设新的中心建筑群。1990年代中期，一个大型的购物中心在此建立，随后地铁站、图书馆扩建部分、地下停车库、哥本哈根商业学校和一所高中陆续建成，提供了城市中心的各种功能，吸引了越来越多的人流。这些建筑之间留下了约18000 m² 的空间，形成了5个相对独立又紧密联系的广场。广场要引导各个方向的人流和自行车流，要留出必要的消防通道和紧急车道，要提供休息和消遣的地方，还要使风格不同的建筑有机地联系起来。S.L. 安德松领导的SLA景观事务所的设计满足了上述所有的功能要求，并且，通过空间、材料的变化和不同要素的组合，创造了丰富的空间体验，尤其是广场的照明设计，产生一个梦幻的如舞台般的场景。

老火车站前面的 Solbjerg 广场，一个原本平坦的地面被精心设计成了四层高差不大的平台，划分了不同的功能。紧邻老火车站的矩形区域，用传统的石块铺装与古老的建筑相衔接，而其余的平台都是毛面的混凝土板铺装，体现了城市中心的总体的现代风格；第二层的台地种植了一排林荫树，坐椅矮墙可供休息，室外咖啡座的活动桌椅更突出了休闲的气氛；第三层的台地是交通的区域，一排昼夜点亮的绿色LED灯划分了行人和自行车通行的区域。这排绿灯贯穿整个广场群的东西向，如机场跑道的航灯一样，指引着前进的方向；最后，靠近图书馆新翼的部分作为自行车停车处。平台交接处的锈钢雨水篦子既是功能性的，也是装饰性的要素。夜晚，安装在高高的灯杆上的带滤光装置的射灯在地面投下斑斓的暖色光圈，这种在舞台上常见的灯光装置运用到现实生活的场景中，带来如梦似幻的戏剧般的感觉。

图书馆新旧部分之间的 Falkoner 广场位于地下停车库的屋顶。广场自红砖老图书馆前展开，层层下降，形成一系列的台地。铺装是锈钢板封边的混凝土板，台地的侧面也是锈钢板材料。红色的铺装分割线和台地侧边，与建筑的砖红色相呼应。台地上种植了一些林荫树,黑色的种植池里种植了灌木。植物的品种各不相同，选择的依据是它们都有一部分是红色的，无论是枝干、树叶、还是花。一部分台地的边缘铺上木板，形成了坐凳，提供了充足的休息场所。

位于老图书馆入口的一侧，广场的最高处形成了一个眺望台，在这里可以观赏毗邻的购物中心和地铁站前的"100个水坑广场"（Square of 100 Puddles）。眺望台的外墙支撑了一个不锈钢水槽，一片巨大的水帘从水槽落下。当夜色降临，水帘后嵌在墙体中的光纤灯散发出无数的蓝白光点，如满天繁星，灿烂夺目。

"100个水坑广场"以硬质铺装为主，只有一个矩形的盆状种植池中种植了白桦、枫杨、李树等植物，通向环形园椅的一条小路吸引人们进入其中。广场上散布着许多圆环状的浅坑，积留的雨水会倒影出天空中飘荡的白云。两组喷雾装置不时地喷出袅袅的水雾，夜晚，雾气被镶嵌在铺装中的光纤灯照亮，在深沉的夜色的衬托下，仿佛晴朗夏夜里明亮的云彩。

最西侧的 Solbjerg 西街广场，有一大片深色的松林，不同种的松树具有不同的色彩和香味，不同的树枝和针叶在风中有着不同的摇曳姿态。当勾勒树影的最后一抹晚霞逐渐暗淡，草地里亮起红色的灯光，松林就被映照得如同火海一样。

光在 Frederiksberg 广场群的景观中扮演了重要的角色，戏剧性的灯光为广场带来了奇妙的充满惊喜的体验。

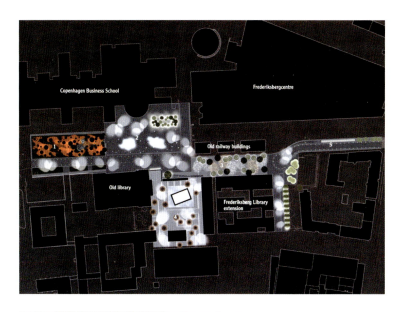

01 夜景照明平面图（引自Topos54，P26）
02 老火车站前面的Solbjerg广场
03 Solbjerg广场的地面被设计成了四层高差不大的平台，划分了不同的功能

Frederiksberg 新城市中心开放空间/ New Central Open Spaces of Frederiksberg

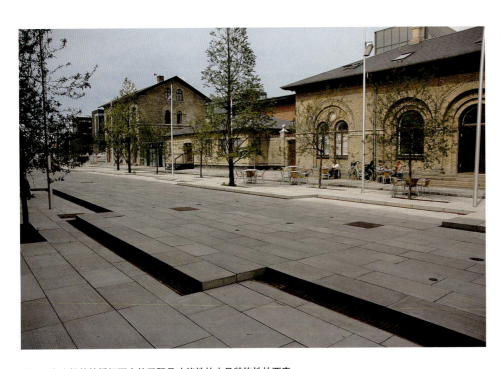

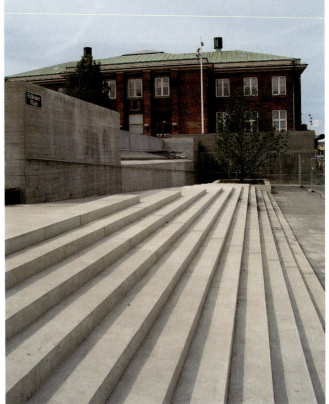

04　平台交接处的锈钢雨水箅子既是功能性的也是装饰性的要素
05　Solbjerg广场上一排昼夜点亮的绿色LED灯划分了行人和自行车通行的区域
06　联系Solbjerg广场和Falkoner广场的台阶与坡道

07 锈钢板镶边的混凝土台地突出了Falkoner广场的的轮廓
08 Falkoner广场在老图书馆建筑前展开，层层下降形成一系列的台地
09 Falkoner广场如同一个台地花园
10 台地上种植了一些林荫树并放置了一些种植钵

Frederiksberg 新城市中心开放空间/ New Central Open Spaces of Frederiksberg

11　Falkoner广场坐凳细部
12　Falkoner广场与新图书馆建筑
13　联系Solbjerg广场和Falkoner广场的台阶细部

14 "100个水坑广场"上的喷雾装置不时地喷出袅袅的水雾

15 "100个水坑广场"的铺装上散布着许多圆环状的浅坑，积留的雨水会倒映天光（引自Topos 54, p33）

16 戏剧般的灯光为广场带来了奇妙的充满惊喜的体验（引自Topos 54, p30）

参考文献

参考文献

[1] 方海. 芬兰新建筑[M]. 南京：东南大学出版社，2002.

[2] 姬文桂译. 景观大师作品集①[M]. 广州：百通集团，江苏科学技术出版社，2003.

[3] [英]罗伯特·霍尔登. 蔡松坚译. 环境空间间[M]. 广州：百通集团，安徽科技出版社，中国建筑工业出版社，1999.

[4] 王受之. 白夜北欧——行走斯堪的纳维亚设计[M]. 黑龙江美术出版社，2006.

[5] 王向荣、林箐. 西方现代景观设计的理论与实践[M]. 北京：中国建筑工业出版社，2002.

[6] 杨滨章. 外国园林史[M]. 哈尔滨：东北林业大学出版社，2003.

[7] [丹麦]扬·盖尔，拉尔斯·吉姆松. 何人可，张卫，邱灿红译. 新城市空间[M]. 北京：中国建筑工业出版社，2003.

[8] [丹麦]扬·盖尔，拉尔斯·吉姆松. 汤羽扬，王兵，戚军译. 公共空间 公共生活[M]. 北京：中国建筑工业出版社，2003.

[9] 易晓. 北欧设计的风格与历程[M]. 武汉：武汉大学出版社，2005.

[10] Andersson, Thorbjörn. A Critical View of Landscape Architecture. Topos[J].49：22～32.

[11] Andersson, Thorbjörn. Erik Glemme and the Stockholm Park System. Treib, Marc (Edited). Modern Landscape Architecture：A Critical Review [M]. Cambridge, Mass.：MIT Press，1993.

[12] Andersson, Thorbjörn. For those Left Behind. Topos[J].8：109-117.

[13] Andersson, Thorbjörn. The link between nature and artefact. Topos[J].3：57～62.

[14] Andersson, Thorbjörn. To Erase the Garden：Modernity in the Swedish Garden and Landscape. Treib, Marc(edited). The Architecture of Landscape：1940～1960[M]. Philadelphia：University of Pennsylvania Press,2002.

[15] Andersson, Jeppe Aagard. Principle of Danish Landscape Architecture. Topos[J].2：102～107.

[16] Andersson, Stig L.. A Cloud Is Just Another Sheet of Crumpled Paper. Topos[J]. 40：86～93.

[17] Andersson, Stig L..Denmark：a strategy for improving the residential environment. Topos[J].27：95～100.

[18] Andersson, Sven-Ingvar and Høyer, Steen. C. Th. Sørensen-Landscape Modernist[M]. Copenhagen：The Danish Architectural Press, 2001.

[19] Andersson, Sven-Ingvar. Individual Garden Art. About Landscape[M]. Edition Topos. München：Callwey Verlag, 2002.

[20] Arian Mostaedi. Landscape design today[M]. Barcelona：Carles Broto & Josep Maria Minguet, 2004.

[21] Cerver, Francisco Asensio. Redesigning City Squares and Plazas[M].New York：Hearst books international, 1997.

[22] Diedrich, Lisa. New ventral open spaces of Frederiksberg. Topos[J].54：27～33.

[23] Edition Topos. Urban squares[M]. München：CallweyVerlag, 2002.

[24] Edition Topos. water[M]. München：CallweyVerlag, 2002.

[25] Feste, Jan. Norway：An Affinity for Nature. Topos[J].27：56～62.

[26] Fleig, Karl(ed.). Alvar Aalto(Vol.1-3)[M].Basel：Birkhäuser Verlag, 1999.

[27] Hauxner, Malene. Open To The Sky[M]. Copenhagen：The Danish Architectural Press, 2003.

[28] Hauxner, Malene. Park Ideology in Denmark Today. Landscape Architecture in Scandinavia[M]. Edition Topos. München: Callwey Verlag.

[29] Hauxner, Malene. Supergraphics and Superlogic. Topos[J].40: 79~85.

[30] Hauxner, Malene. With the Sky as Ceiling: Landscape and Garden Art in Denmark. Treib, Marc(edited). The Architecture of Landscape: 1940~1960[M]. Philadelphia: University of Pennsylvania Press, 2002.

[31] Häyrynen, Maunu. National Landscapes and Their Making in Finland. Topos[J].8: 6~15.

[32] Hølmebakk, Carl-Viggo. Viewing platforms, Sognefjell, Norway. Topos[J].36: 20~23.

[33] Israelsen, Tone. Reservoir dams Kvilesteinen in Vik, Norway. Topos[J].36: 37~41.

[34] Isling, Bengt. Harbour park in Jönköping, Sweden. Topos[J].43: 20~24.

[35] Jellicoe, Geoffrey & Susan. The Landscape of Man[M]. London: Thames and Hudson, 1995.

[36] Jellicoe, Geoffrey & Susan. The Oxford Companion to Gardens[M]. Oxford: Oxford University Press, 2001.

[37] Lønrusten, Toralf. Aurland — a hydroelectrical power plant in Western Norway. Topos[J].3: 78~84.

[38] Lund, Annemarie. Guide to Danish Landscape Architecture: 1000~2003 [M]. Copenhagen: The Danish Architectural Press, 2003.

[39] Lund, Annemarie. Charlotte Skibsted-dreams, light and odours. Topos[J].21: 81~93.

[40] ólafsson, Gestur. Planning the Future Regions of Europe. Landscape Architecture in Scandinavia[M]. Edition Topos. München: Callwey Verlag.

[41] Projects by SLA Landscape Architects. Topos[J].40: 94~108.

[42] Pulkkinen, Katri. Ecological noise abatement, Helsinki. Topos[J].36: 29~32.

[43] Robert Holden. New landscape design[M]. London: Laurence King Publishing Ltd, 2003.

[44] Ruokonen, Ria. Landscape Design in Tapiola. Heroism and the Everyday-Building Finland in the 1950s[M]. Helsinki: Museum of Finnish Architecture, 1994.

[45] Sælen, Arne. Natural stone in Scandinavia. Topos[J].43: 25~32.

[46] Spirn, Anne Whiston. The Language of Landscape[M]. New Haven, Conn.: Yale University Press, 1998.

[47] Suneson, Torbjörn. Sweden: top manager for open spaces. Topos[J].27: 50~55.

[48] Susi-Wolff, Kati. Finland: Urbanization and Cultural Landscape. Topos[J].27: 69~74.

[49] Treib, Marc. Sven-Ingvar Andersson, Who Should Have Come From Hven? Festrskrift Tilegnet: Sven Ingvar Andersson[M]. Copenhagen: Arkitektens Forlag, 1994

[50] Vilhjálmsson, Reynir. Avalanche defence structures in Iceland. Topos[J].36: 42~45.

[51] Waymark, Janet. Modern Garden Design: Innovation Since 1900[M]. London: Thames and Hudson, 2005.

[52] Weston, Richard. Alvar Aalto[M]. London: Phaidon Press Limited, 2001.

后记

20世纪90年代初,当我还在德国卡塞尔大学学习的时候,就发现一些学生利用各种交流机会到北欧国家,特别是到哥本哈根皇家美术学院学习一个学期或一年的景观设计课程,回来后还举办各种讲座和设计展览,那时我就对北欧国家的设计充满了兴趣。

不过当时要深入了解北欧的景观设计也有不少限制。首先,这不是我的博士论文的研究方向,学业繁重,我不可能花专门的精力来研究北欧。再者,相对于北欧国家的建筑设计、家具设计和产品设计,北欧国家景观设计的资料和文献并不多,尽管北欧国家的景观设计有着同样的成就。好在德国与北欧国家之间的设计历来互有影响,人员也多有往来,所以,当时对于我要理解北欧的设计,包括景观设计也并不难。设计包含众多的领域,对于一个特定的时期和特定的区域来说,不同领域的设计思想都是相通的。虽然当时不容易接触到北欧国家的景观设计作品,但大学时就学习过芬兰建筑师阿尔瓦·阿尔托(Alvar Aalto)和丹麦建筑师伍重(Jørn Utzon)的建筑,对北欧的设计也并非一无所知。北欧国家的产品与我的距离也不远。当时朋友们的孩子几乎都有LEGO(乐高)玩具,我的书架也是由IKEA(宜家)的搁板拼装成的。在卡塞尔市郊有一座很大的宜家,林箐和我曾多次前往,我们对宜家为大众的设计思想以及美观、简洁、实用、单元化、廉价的特点非常欣赏,这些也是当时我们对北欧设计的看法。

后来林箐在硕士论文的写作中,对瑞典的景观设计有所涉及,我们在撰写《西方现代景观设计的理论与实践》一书时,又研究了丹麦的景观设计。但限于时间和篇幅,以及研究的积累,当时的成果并不充分。随着研究的深入,我们对北欧设计的兴趣也越来越浓厚。北欧的设计似乎与中国当前非常浮躁的社会状况下产生的大量庸俗的设计形成强烈的反差,这促使我们萌生了将对北欧景观设计的研究成果整理出来的想法。2005年夏天,林箐和我有机会到北欧旅行,参观了众多我们所了解的重要景观设计作品。而几乎同一时期,北京交大建筑系教师,也是我的博士生蒙小英去瑞典马尔默的斯堪的纳维亚绿屋研究所(SGRI)进修,期间在北欧国家也作了广泛的旅行。本书列举的42个实例就是我们曾经考察过的作品中的一部分。

设计已经深入到北欧国家的每一个角落。北欧国家的现代设计史是由许多设计师和艺术家写成的,里面沉积了无数优秀的作品,而且这部设计史还在不断地延续和发展,我们不可能完全跟上北欧国家景观设计发展的每一个节奏,也不可能访遍所有重要的作品。其实无论在什么领域,北欧的设计都不仅仅是设计产品本身,而是在设计一种生活方式,一种舒适、恬静、低调和民主的生活方式。所以要理解北欧的设计，最好的办法是要深入北欧的生活，这对于我们来说，无论在时间上还是费用上恐怕都不现实。这本书只是记录着我们在有限的条件下对北欧国家景观设计的理解和认识，远不够全面，或许还有一些错误，想必读者能够理解。

书中实例部分的Havnegade庭院的照片由张晋石拍摄，其他实例部分的照片除个别注明出处外都是三位作者拍摄的，绪论部分的照片部分来自作者拍摄，部分来自参考文献和相关网站，平面图来自于本书列举的参考文献或根据有关资料重绘。感谢SGRI研究所的Louise Lundberg女士对蒙小英访问的安排和帮助，感谢丹麦皇家美术学院Sven-Ingvar Andersson教授和赫尔辛基理工大学Jyrki Sinkkilä教授的资料赠送，感谢多义景观设计师朱少琳、阳春白雪和肖起发帮助我们整理了本书的部分插图，感谢中国建筑工业出版社郭洪兰女士长期以来的支持。

对于设计师来说，游历是非常重要的学习手段，也是获得设计灵感的重要源泉。如果时间有限，对旅行的目的地必须筛选的话，那么我们告诉大家不要忘记北欧——那里的人民享受着相对均等的生活条件，社会民主的思想反映在国家的方方面面，包括在各个设计领域之中；那里的设计尊重自然，重视来自当地的自然材料的运用；那里的设计尊重自己的历史，并把传统工艺与现代生活很好地结合在一起；那里的设计实用、平和、低调、简约；在那里，你能看到并真正理解现代设计的本质。

王向荣

2006年10月8日　于多义景观